"厂中校"教材

PLC 编程与综合应用

山东冶金技师学院
山东冶金中等专业学校　组织编写
济南市工业学校

中国建设科技出版社有限责任公司
China Construction Science and Technology Press Co., Ltd.
北　京

图书在版编目（CIP）数据

PLC 编程与综合应用/山东冶金技师学院，山东冶金中等专业学校，济南市工业学校组织编写. --北京：中国建设科技出版社有限责任公司，2025.6.
ISBN 978-7-5160-4435-3

Ⅰ.TM571.61

中国国家版本馆 CIP 数据核字第 2025M3S718 号

PLC 编程与综合应用
PLC BIANCHENG YU ZONGHE YINGYONG
山 东 冶 金 技 师 学 院
山东冶金中等专业学校　组织编写
济 南 市 工 业 学 校

出版发行：	中国建设科技出版社有限责任公司
地　　址：	北京市西城区白纸坊东街 2 号院 6 号楼
邮　　编：	100054
经　　销：	全国各地新华书店
印　　刷：	北京雁林吉兆印刷有限公司
开　　本：	787mm×1092mm　1/16
印　　张：	14.75
字　　数：	300 千字
版　　次：	2025 年 6 月第 1 版
印　　次：	2025 年 6 月第 1 次
定　　价：	60.00 元

本社网址 www.jskjcbs.com，微信公众号：zgjskjcbs
请选用正版图书，采购、销售盗版图书属违法行为
版权专有，盗版必究。本社法律顾问：北京天驰君泰律师事务所，张杰律师
举报信箱：zhangjie@tiantailaw.com　　举报电话：(010) 63567684
本书如有印装质量问题，由我社事业发展中心负责调换，联系电话：(010) 63567692

本书编委会

主　　编：何东亚
主　　审：肖桃李
副 主 编：韩玉星　宋传涛　高秀岐　孔铭铭
编　　委：王秀婷　杨秀环　武占胜　孙琳彭
　　　　　张　丽　徐梦婷　初政宏　刘晓丽
　　　　　宋雪莲

前　言

制造模式的转变升级必将影响人才的培育及供给模式，技能型人才的需求量会越来越大，如何培养能快速适应新形势要求的技能人才，将是学校和企业共同面临并亟待解决的问题。在"产教融合，零距离对接"办学理念的引导下，"厂中校"合作模式满足了校企双方供给侧和需求侧深层次改革的需要，为地方经济建设和人才培养提供了有力保障。

随着科技的进步，工厂智能化迎来了新的发展阶段，"厂中校"实训现场的自动化设备应用越来越广泛，为了满足学生和工厂的实际需求，尽快适应新的职业教育对人才培养模式的改革，通过对"厂中校"实际工厂的调研，在听取工厂专家意见，组织校企间的研讨和论证后，结合"厂中校"实训平台的实际情况和学生的现状，编写了本教材。

PLC 课程是职业学校机电类和电气类专业学生的一门专业必修课。随着科技进步，PLC 往往不再单独使用，而是与伺服电动机、传感器、触摸屏、变频器等设备组成功能齐全、使用方便的自动控制系统。因此，本教材在编写的过程中，在基本任务的基础上加入了触摸屏和伺服电动机等内容，其目的是使学生能综合运用所学的知识，根据生产现场的控制要求对可编程控制器进行简单的程序设计、安装、接线与调试运行，为将来更快地适应工作打下良好的基础。同时加强素质教育，培养学生的团结协作精神和安全文明生产意识。

本教材采用了任务驱动式的编写模式，通过完成本书所设计的工作任务，学生可逐渐掌握 PLC 的基本职业技能、触摸屏的使用技巧、伺服电动机的使用技巧以及三者简单的组态使用。本教材所设计的工作任务在密切联系生活、生产实际的同时，亦结合了"厂中校"的工厂岗位需求。

本教材由何东亚担任主编，肖桃李担任主审，韩玉星、宋传涛、高秀岐、孔铭铭担任副主编。其中何东亚负责编写学习任务六、学习任务七、学习任务八、学习任务九以及学习任务十的学习活动二、三；肖桃李负责编写学习任务一的学习活动二；韩玉星、高秀岐负责编写学习任务一的学习活动一；宋传涛负责编写学习任务一的学习活动三、四；孔铭铭负责编写学习任务二的学习活动一；王秀婷负责编写学习任务二的学习活动二、三；杨秀环负责编写学习任务五的学习活动一；张丽负责编写学习任务三的学习活动三、四；徐梦婷负责编写学习任务四的学习活动一、二；初政宏负责编写学习任务四的学习活动三、四；刘晓丽负责编写学习任务五的学习活动二、三；宋雪莲负责编写学习任务三的学习活动一、二；武占胜、孙琳彭负责编写学习任务十的学习活动一。在这里要特别感谢武占胜、孙琳彭在工厂实例任务中提供的帮助。在本教材的编写过程中，参阅了相关教材和文献，肖桃李老师、宋传涛老师对编写内容和方式也提出了很多宝贵意见，在此一并表示衷心感谢。

编　者

2025 年 4 月

目 录

学习任务一　工厂 6S 管理与工厂安全用电 ·············· 1

　　学习活动一　工厂 6S 管理 ·············· 1
　　学习活动二　工厂安全用电 ·············· 6
　　学习活动三　触电急救 ·············· 15
　　学习活动四　工作总结与评价 ·············· 23

学习任务二　工厂常用电工工具与仪表的使用 ·············· 27

　　学习活动一　工厂常用电工工具的使用 ·············· 27
　　学习活动二　工厂常用电工仪表的使用 ·············· 35
　　学习活动三　工作总结与评价 ·············· 40

学习任务三　PLC 初探 ·············· 43

　　学习活动一　PLC 的结构组成与工作原理 ·············· 43
　　学习活动二　PLC 的外部结构与接线 ·············· 53
　　学习活动三　PLC 编程软件 ·············· 59
　　学习活动四　工作总结与评价 ·············· 70

学习任务四　PLC 基本指令应用 ·············· 73

　　学习活动一　电动机电路的 PLC 控制 ·············· 73
　　学习活动二　自动往返送料小车的 PLC 控制 ·············· 83
　　学习活动三　彩灯循环闪烁的 PLC 控制 ·············· 91
　　学习活动四　工作总结与评价 ·············· 98

学习任务五　七段码的 PLC 控制 ·············· 102

　　学习活动一　0～9 数码管显示的 PLC 控制 ·············· 102
　　学习活动二　抢答器电路数码管显示的 PLC 控制 ·············· 109
　　学习活动三　工作总结与评价 ·············· 116

学习任务六　十字路口交通信号灯的 PLC 控制 ·············· 119

　　学习活动一　十字路口交通信号灯的 PLC 控制 ·············· 119
　　学习活动二　工作总结与评价 ·············· 129

学习任务七 气动系统的 PLC 控制 ·················· 131

    学习活动一 气动机械臂运动的 PLC 控制 ·················· 131

    学习活动二 机械手的 PLC 控制 ·················· 141

    学习活动三 工作总结与评价 ·················· 148

学习任务八 触摸屏和 PLC 组态控制的综合应用 ·················· 151

    学习活动一 触摸屏、计算机及 PLC 组态应用 ·················· 151

    学习活动二 触摸屏和 PLC 组态控制在电动机电路中的应用 ·················· 168

    学习活动三 工作总结与评价 ·················· 179

学习任务九 伺服电动机运动的 PLC 控制 ·················· 182

    学习活动一 伺服电动机运动的 PLC 控制 ·················· 182

    学习活动二 工作总结与评价 ·················· 205

学习任务十 工厂进出型直压式压合机案例 ·················· 208

    学习活动一 进出型直压式压合机元器件选型及电气线路安装 ·················· 208

    学习活动二 进出型直压式压合机的 PLC 控制 ·················· 217

    学习活动三 工作总结与评价 ·················· 223

学习任务一　工厂 6S 管理与工厂安全用电

任务目标

1. 能了解厂中校学习和实训环境，学习有关概念，实习管理中按"6S 管理"方式开展。
2. 能掌握工厂安全用电的基本常识，自觉遵守电工安全操作规程。
3. 能准确分析触电事故案例并总结经验教训，描述常见触电方式，采取正确措施预防触电。
4. 能正确使用灭火器扑救电气火灾。
5. 能正确掌握和实施触电急救。

任务时间

18 课时。

任务工作情境

电能的使用极其广泛，电为人们的生产生活提供巨大便利的同时，也带有一定的危险性。因此对于在厂中校学习和实训的同学们来说，在了解学习生活的主要内容的基础上，实训之前，需要掌握必要的安全用电知识，工作中必须严格遵守的安全操作规程。

任务工作流程与活动

1. 工厂 6S 管理。
2. 工厂安全用电。
3. 触电急救。
4. 工作总结与评价。

学习活动一　工厂 6S 管理

任务目标

1. 理解 6S 管理理念。
2. 能够顺利完成 6S 实施。

任务时间

4 课时。

任务策划

一、任务要求

在日常生活和工作中,具有良好习惯和较高个人素质是必要的。本任务让学生明白和掌握什么是 6S,如何进行 6S 管理,自己所在工厂是如何进行 6S 管理的,使学生的综合素质得到提高。

二、任务分析

表1　任务分析及任务计划书

项　目	
任务分析	
任务计划	
成　员	

任务准备

表2　6S 管理内容

概　念	6S 管理:即整理(SEIRI)、整顿(SEITON)、清扫(SEISO)、清洁(SEIKETSU)、素养(SHITSUKE)、安全(SECURITY),所以简称 6S 管理。
内　容	整理(SEIRI):将工作场所的所有物品区分为必要的和不必要的,必要的留下,不必要的清理掉。目的:腾出空间,空间活用,防止误用,塑造清爽的实训场所。
	整顿(SEITON):把留下来的必要的物品依规定位置摆放整齐,加以标识。目的:实现实训场所一目了然,减少寻找物品的时间,创造整齐的工作环境,消除过多的积压物品。

续表

内　容	**清扫（SEISO）**：将工作场所内看得见与看不见的地方清扫干净，保持工作场所干净、整洁。目的：稳定品质，减少工业伤害。 **清洁（SEIKETSU）**：将整理、整顿、清扫进行到底，并且制度化，经常保持环境处在美观的状态。目的：创造明朗现场，维持以上3S的成果。 **素养（SHITSUKE）**：每位成员养成良好的习惯，并遵守规则做事，培养积极主动的精神。目的：培养具有良好习惯、遵守规则的学生，营造团队精神。 **安全（SECURITY）**：重视成员安全教育，每时每刻都有安全第一的观念，防患于未然。目的：建立安全生产环境，所有的工作应在安全的前提下进行。
关　系	"6S"之间彼此关联。整理、整顿、清扫是具体内容；清洁是指将上面的3S实施的做法制度化、规范化，并贯彻执行及维持结果；素养是指培养每位员工养成良好的习惯，并遵守规则做事，开展6S容易，但长时间的维持必须靠素养的提升；安全是基础，要尊重生命，杜绝违章。
总　结	**整理**：要与不要，一留一弃　　**整顿**：科学布局，取用快捷 **清扫**：清除垃圾，美化环境　　**清洁**：建立标准，保持洁净 **素养**：贯彻到底，养成习惯　　**安全**：安全操作，以人为本

思考回答1. 你觉得实训中哪些需要进行整理、整顿？

思考回答2. 如何进行有效的清扫、清洁？

思考回答3. 你的安全防护是否做到位？

思考回答4. 为了更好地实施6S管理，你有什么建议？

思考回答 5. 你是否能为此付出努力？

任务执行

一、实施阶段

表3　实施内容和完成情况表

实施内容	完成情况
开展"整理"活动：将工作场所的所有物品区分为必要和不必要的，必要的留下来，不必要的都清理掉。目的：腾出空间，空间活用，防止误用，塑造清爽的实训场所。	
开展"整顿"活动：把留下的物品依规定位置摆放，并放置整齐，加以标识。目的：实现实训场所一目了然，减少寻找物品的时间，创造整齐的工作环境，消除过多的积压物品。	
开展"清扫"活动：将工作场所内看得见与看不见的地方清扫干净，保持工作场所干净、整洁。目的：稳定品质，减少工业伤害。	
开展"清洁"活动：将整理、整顿、清扫进行到底，并且制度化，经常保持环境处在美观的状态。目的：创造明朗现场，维持以上3S的成果。	
开展"素养"活动：每位成员养成良好的习惯，并遵守规则做事，培养积极主动的精神。目的：培养具有良好习惯、遵守规则的学生，营造团队精神。	
开展"安全"活动：重视成员安全教育，每时每刻都有安全第一的观念，防患于未然。目的：建立安全生产环境，所有的工作应在安全的前提下进行。	

记录下你在6S管理中的具体工作内容是什么。

二、实施过程

1. 根据实际工作写出你是如何进行6S管理的?

2. 你认为进行6S管理后现场有什么改观?

3. 每日6S检查项目。

表4 每日6S检查项目

检查项目	工位号	检查情况	日期	检查人
整理				
整顿				
清扫				
清洁				
素养				
安全				

任务交验

表5 工厂6S管理实训评价表

序号	考核项目	具体要求指标	配分	得分
1	准备工作	日常6S管理台账是否准备齐全	10	
2	6S	6S是哪六个方面的内容,是否熟悉	60	
3	成功率	未浪费材料,6S达成率为100%	10	
4	安全	是否安全操作,无意外发生	10	
5	卫生	操作结束后,工具是否摆放整齐,废料和垃圾是否清理干净	10	
		合计	100	
简要评述(含个人德育、学习、劳动、审美、体育)			学生小组签名	

任务评价

完成表 6 学习活动综合评价表。

表 6 学习活动综合评价表

学习活动_____ 学生姓名_____ 学号_____

评价项目	评 价 要 点	配分	得分
平时表现评价	出勤情况、工装穿戴情况	10	
平时表现评价	纪律情况、学习主动性	10	
平时表现评价	6S 执行情况	10	
综合能力评价	是否能够积极查询资料完成咨询内容	20	
综合能力评价	是否正确完成计划和学习任务的制定	10	
综合能力评价	计划实施：是否正确完成和执行计划	10	
综合能力评价	调试和检修：是否能够正确调试和检修	20	
情感态度评价	团队合作、互动与创新情况	5	
情感态度评价	实践动手操作的兴趣、态度、积极性	5	
	合计		

简要评述（素质教育）	教师签名	

小知识

安全红线 12 条之 1～6。

1. 燃爆性粉尘场所，使用压缩空气吹扫粉尘，或未将机台、地面粉尘清理干净进行动火施工作业。

2. 易燃易爆场所，危化品存放区域，包材仓库等高危禁烟区内吸烟，或未隔离、清理可燃物进行明火作业。

3. 未做安全防范措施，就进行：①高风险吊装；②受限空间作业；③高处作业；④在大量可燃物周围进行烧焊作业。

4. 电镀线（阳极）正常运行时，跨越、踩踏槽体。

5. 将危险化学品倒入下水道、水槽、厕所等，或存储于不当位置。

6. 使用易燃溶剂（如天那水、稀释剂等）擦拭设备、地面、白板等。

学习活动二　工厂安全用电

任务目标

1. 掌握安全用电的基本常识，建立自觉遵守电工安全操作规程的意识。

2. 能准确分析触电事故案例并总结经验教训，描述常见触电方式，采取正确措施预防触电。

3. 能正确使用灭火器扑救电气火灾。

任务时间

6课时。

任务策划

任务要求

观看安全用电视频，根据内容讨论触电事故发生的可能原因，并记录在表1。

表1　触电事故记录分析表

事故现象	触电原因

🛠 任务准备

一、电流对人体的危害形式

表 2　电流对人体的危害形式

定义	类型
触电是指电流通过人体时，对人体产生的生理和病理伤害	电击：由于电流通过人体而造成的内部器官在生理上的反应和病变。 直接电击：人体直接触及正常运行的带电体所发生的电击。 间接电击：电气设备发生故障后，人体触及意外带电部分所发生的电击
	电伤：是电流的热效应、化学效应或机械效应对人体外部造成的局部伤害，它常常与电击同时发生。如电灼伤、电烙印、皮肤金属化等

二、安全电流

人体能够摆脱的握在手中导电体的最大电流值称为安全电流，约为 10mA。交流电（50～60Hz）对人体来说最危险。根据经验，大于 10mA 的交流电流或大于 50mA 的直流电流流过人体中，就可能危及生命。

表 3　电流分类

电流 100～200μA	对人体无害，反而能治病	医疗电流
交流电（工频）：男性 1.1mA 以内，女性 0.7mA 以内；直流电小于 5mA	使人体有感觉的最小电流	感知电流
交流电（工频）：男性 1.1～16mA，女性 0.7～10mA；直流电 5～50mA	人体触电后能自主摆脱电源的电流	摆脱电流
交流电（工频）：约 10mA；直流电 50mA	人体能够摆脱的握在手中导电体的最大电流	安全电流
交流电（工频）：男性大于 16mA，女性大于 10mA；直流电大于 50mA	在较短时间内，危及人体生命的最小电流	致命电流

三、安全电压

为了使通过人体的电流不超过安全电流值，我国把安全电压额定值分为 6V、12V、24V、36V、42V 五个等级。

四、人体电阻

人体电阻：主要包括人体内部电阻和皮肤电阻，一般为 1500～2000Ω（通常取 800～1000Ω）。影响人体电阻因素很多，除皮肤厚薄外，皮肤潮湿、多汗、有损伤、带有导电性粉尘等都会降低人体电阻。另外，人体电阻还会随电源频率的增大而降低。

五、触电形式

表4 触电形式

单相触电

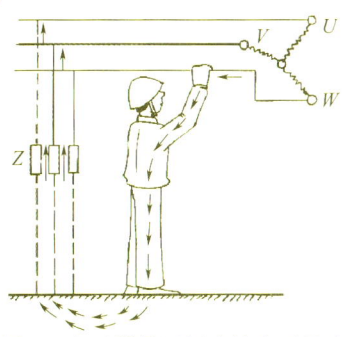

图1 变压器低压侧中性点不接地

（1）中性点不接地系统的单相触电（如图1）。理想情况下，在中性点不接地系统中，由于触电电流不能构成回路，通过人体的电流为零，不会出现触电现象。实际情况下，在中性点不接地系统中发生单相触电时，触电者会有危险。多数情况下，强大的触电电流会将人体烧焦。

触电电流的形成：在三相交流电网中，每一条输电线与大地之间都存在分布电容 C，电容值的大小与线路的分布情况有关，架空线路、线路分布越长，其分布电容值就越大。并且线路与大地之间还存在一定的绝缘电阻 R。这样，每根导线与大地之间可以组成一个等效阻抗 Z。

图2 变压器低压侧中性点接地

（2）中性点接地系统的单相触电（如图2）。在三相四线制（380/220V）电源电路中，触电电流的路径为：从电源火线通过人体、大地、接地体、变压器中性点再回到电源火线，构成了回路。假如人体电阻按 $1k\Omega$ 计算，人体承受的电压几乎是电源的相电压220V，则通过人体的电流大约220mA。这个电流远远大于致命电流，因此这种触电情况十分危险

两相触电

图3

两相触电（如图3）。指人体同时接触带电设备或线路中的两相导体时，电流从一相导体经人体流入另一相而发生的触电。此时，加在人体上的电压为线电压。通过人体电流的大小与系统中性点运行方式无关。假如仍在三相四线制（380/220V）电源电路中，人体电阻按 $1k\Omega$ 计算，则通过人体电流可达380mA，足以使人死亡

跨步电压触电

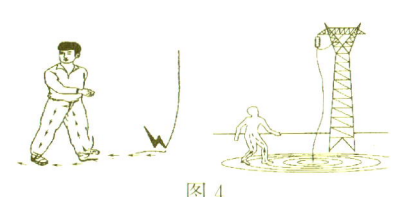

图4

跨步电压触电（如图4）。当带电体有接地故障时，故障电流流入大地，电流在接地点周围土壤中产生电压降。人在接地点周围，两脚之间出现的电压即为跨步电压。由跨步电压引起的电击事故为跨步电压电击。范围：高压故障接地处或有大电流流过的接地装置附近，都可能出现较高的跨步电压。在距离接地故障点8～10m以内，电位分布的变化率较大，人在此区域内行走，跨步电压高，就有电击的危险；室内接地故障点4m以内（因室内狭窄，地面较为干燥，离开4m之外一般不会遭到跨步电压的伤害）；在室外人体不得接近故障点8m以内。防止跨步电压电击，进入人员应穿绝缘鞋

六、触电的预防

表 5　常见触电原因及预防措施

触电原因	预防措施
带电工作	由经过培训、考试合格的电工进行，并有专业人员监护。采取安全措施，如穿上绝缘靴；站在橡胶皮上、干燥的绝缘物上或用橡胶布遮盖周围的导体和接地处。
移动和便携式电具、电气设备使用不当	建立经常或定期的检查制度，如发现故障或与有关规定不符时，应及时加以处理，如采用保护接地或保护接零等安全措施；使用 24V 或 12V 的安全电压；采用漏电保护开关。
设备接地不良	金属外壳的电气设备的三极上有接地符号的一极应接到专用的接地线上。禁止将地线接到水管、煤气管等埋于地下的管道上使用。
临时线路	定期进行检查。严禁使用"一线一地"制安装。
裸露的带电体	按规定架空，设置警告牌或遮拦。
跨步电压	当人体突然进入高压线跌落区时，要保持镇静，在看清高压线位置的情况下，双腿并拢，向远离高压线落地点的方向做小幅度跳动。
电气设备或电气线路发生火灾	立即切断电源，防止身体或手持的灭火器材触及有电的导线或电气设备。

七、灭火器的使用

表 6　灭火器的使用

灭火器类型	适用范围
干粉灭火器	适用于扑救各种易燃、可燃液体和易燃、可燃气体火灾以及电器设备火灾。
泡沫灭火器	适用于扑救各种油类火灾，木材、纤维、橡胶等固体可燃物火灾。
二氧化碳灭火器	适用于扑救各种易燃、可燃液体，可燃气体火灾，还可扑救仪器仪表、图书档案、工艺品和低压电器设备等的初起火灾。

八、电工安全规程

我们在实训工作中经常要接触 220V 甚至更高等级的电压，这具有一定的危险性。通过相关资料可以发现，很多电气事故的发生都和操作不规范或违反规章制度有关，因此，在日常工作中，为确保人身、设备安全，必须按照相关规程进行施工。相关规程主要有《电工安全操作规程》《电气设备安装规程》《电气设备运行管理规程》等。其中《电工安全操作规程》是电工操作的最基本规范，进行包括照明线路安装检修在内的各项电工操作时，应严格执行。《电气设备安装规程》和《电气设备运行管理规程》则对电气设备安装、日常的运行和维护进行了规范，在今后进行电气设备的安装、维护工作中，也应严格执行。

任务执行

一、实施阶段

查阅相关资料，了解《电工安全操作规程》的内容，了解常见的三种触电方式及其特点，掌握触电及电气火灾预防的相关内容。

记录下你的具体工作内容是什么？

_____
_____
_____
_____
_____

二、实施过程

1. 在教师指导下，根据《电工安全操作规程》的内容，将下列规程补全。

（1）未经安全培训，或安全考试成绩_____严禁上岗。

（2）电工人员必须持_____证上岗。

（3）不准酒后上班，更_____班中饮酒。上岗前必须穿戴好_____，否则不准上岗。

（4）检修电气设备，须参照相关技术规程，如不了解该设备规范注意事项，不允许_____。

（5）严禁在_____上搭晒衣服和各种物品。

（6）高空作业时，必须系_____。

（7）正确使用电工工具，所有绝缘工具应妥善保管，严禁他用，并应定期_____。

（8）人体安全电压的理论值是_____。

（9）当有高于_____的电压存在时，严禁带电作业。

（10）电气检修、维修作业及危险工作严禁_____。

（11）在未确定电线是否带电的情况下，_____用工具同时切断两根及以上电线。

（12）严禁带电移动高于_____电压的设备。严禁手持高于_____电压的照明设备。

（13）每个电工必须熟练掌握_____方法，发现有人触电应立即切断电源，按触电急救方案实施抢救。

（14）电工在进行事故巡视检查时，应始终认为该线路处在_____状态，即使该线路确已停电，亦应认为有随时_____的可能。

（15）工作中所拆除的电线要处理好，不立即使用的裸露线头应做_____处理，防发生触电。

（16）严禁在_____状态下，直接拆开电气设备的外壳进行作业。

（17）严禁用手触摸_____状态下的电机轴。严禁用手摆动_____状态下的大功率电缆。

（18）检修工作时，必须先停电验电，留人看守或悬挂警告牌，在有可能触及的带电部分加装临时_____栏或_____罩，然后验电、放电、封地。验电时必须保证验电设备的良好。工作完成后，必须收好_____，清理施工场地，做好卫生。

2. 常见的触电方式主要有单相触电、两相触电和跨步电压触电三种。查阅相关资料，根据图示，将三种触电方式图表内容具体写出。

表7　触电方式填空

名称	图示	定义
	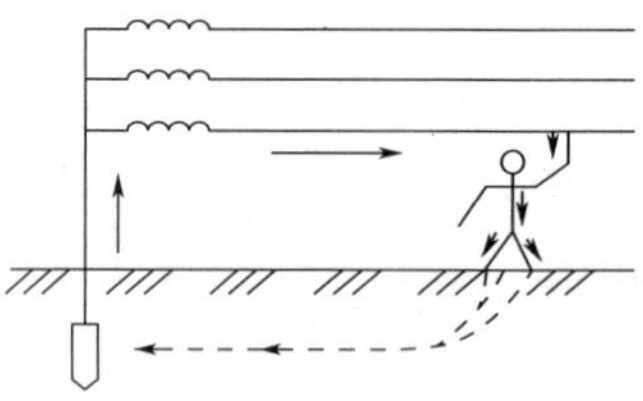	
	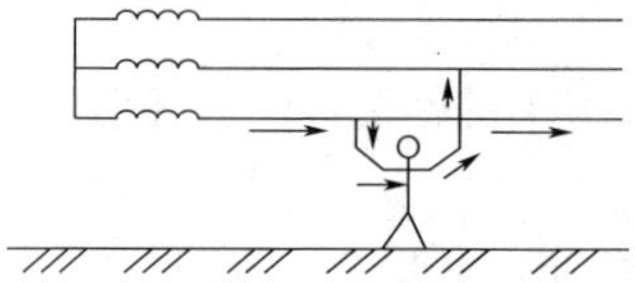	

3. 通常所说的触电是指电流流过人体从而对人体造成的伤害。当通过人体的电流较小时，人体会有针刺、打击、疼痛感，会引起肌肉痉挛收缩；当通过人体的电流较大时，会引起呼吸困难、血压升高、心脏跳动不规则、昏迷等症状，甚至会造成呼吸停止和心脏停止跳动，导致死亡。请查阅相关资料，写出决定触电伤害程度的两个主要因素。

_____
_____
_____
_____

4. 电工维护、检修设备时，会遇到不同等级的电压，查阅相关资料，说明哪些电压对人身是安全的，哪些电压是危险的。安全电压是为了防止触电事故而采用的由特定电源供电的电压系列。这个电压系列上限值的规定是：在任何情况下，两根导线间或任一根导线与地之间不超过交流（50～500Hz）有效值 50V。查阅相关资料，说明我国规定的安全电压级别。讨论：人接触安全电压就一定安全吗？为什么？记录安全电压等级和讨论结果。

5. 火灾发生时，灭火器是最常用的扑救工具。查阅相关资料，常用的灭火器有哪些类型？分别适用于哪些火灾场合？是否能用于电气火灾的扑救？为什么？车间中放置的灭火器又是哪种类型？

6. 电气设备发生火灾时，应该怎么做？应先做什么，再做什么？如何使用灭火器？观看演示视频或查阅相关技术资料，熟悉灭火器的使用方法，进行火灾扑救的实际演练。将使用灭火器的操作要点记录下来。

7. 每日 6S 检查项目。

表 8　每日 6S 检查项目

检查项目	工位号	检查情况	日期	检查人
整理				
整顿				
清扫				
清洁				
素养				
安全				

任务交验

表9 安全用电实训评价表

序号	考核项目	具体要求指标	配分	得分
1	准备工作	应知应会安全用电知识是否熟悉	10	
2	安全注意事项	准确说出存在的安全隐患	60	
3	成功率	举一反三，成功率为100%	10	
4	安全	是否安全操作，无意外发生	10	
5	卫生	操作结束后，工具是否摆放整齐，废料和垃圾是否清理干净	10	
		合计	100	
简要评价（含个人德育、学习、劳动、审美、体育）			学生小组签名	

任务评价

学习活动综合评价

表10 学习活动综合评价表

学习活动_____ 学生姓名_____ 学号_____

评价项目	评价要点	配分	得分
平时表现评价	出勤情况、工装穿戴情况	10	
	纪律情况、学习主动性	10	
	6S执行情况	10	
综合能力评价	是否能够积极查询资料完成思考内容	20	
	是否正确完成计划和学习任务的制定	10	
	计划实施：是否正确完成和执行计划	10	
	调试和检修：是否能够正确调试和检修	20	
情感态度评价	团队合作、互动与创新情况	5	
	实践动手操作的兴趣、态度、积极性	5	
	合计		
简要评述（素质教育）		教师签名	

小知识

安全红线 12 条之 7~12：

7. 设备在正常运行时，进入设备运转危险区进行调试、擦拭、拆卸、检修作业。
8. 封闭疏散通道、安全出口。
9. 拆除、短接、遮罩、破坏生产设备作业区域安全联锁装置或消防设备设施。
10. 无证带电维修保养、施工检修。
11. 拖延、阻挠、妨碍集团、园区、事业群安全管理人员安全检查。
12. 瞒报、谎报事故，破坏、伪造事故现场及妨碍事故调查。

学习活动三　触电急救

任务目标

1. 如何使触电者尽快脱离电源。
2. 能正确实施触电急救。

任务时间

6 课时。

任务策划

一、任务要求

发现有人触电后，立即采取何种措施使其迅速脱离电源，避免持续电流对其造成进一步伤害；在施救过程中应如何做到对施救者自身的绝缘保护，避免发生新的触电事故；将触电者脱离电源后，如何对触电者的身体状况进行检查，作为进一步施救的依据；在确定触电者的身体状况后，应如何选择合适的方法进行抢救。这就是我们本次任务要学习的内容。

二、任务分析

表 1　任务分析及任务计划书

项　目	
任务分析	
任务计划	
成　员	

任务准备

一、学习触电急救的基本知识

发现有人触电后,应按照图1所示的步骤进行紧急处理,否则,既有可能造成触电者的进一步伤害,又有可能危及抢救者自身安全。

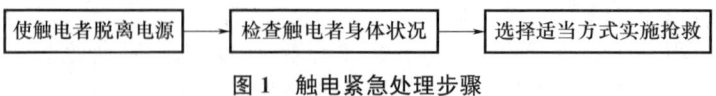

图1　触电紧急处理步骤

二、触电急救的要点

要点:抢救迅速,救护得法。

即用最快的速度在现场采取适当措施,保护触电者生命,减轻伤情,减少痛苦,并根据伤情需要,迅速联系医疗救护等部门救治。一旦发现有人触电,周围人员首先应迅速拉闸断电,尽快使其脱离电源。在施工现场发生触电事故后,应将触电者迅速抬到宽敞、空气流通的地方,使其平卧在硬木板上,采取相应的抢救方法。在送往医院的路途中应不间断地进行救护。触电急救十分辛苦,要耐心抢救到触电者复活为止或经过医生确定停止抢救方可停止,因为低压触电通常都是假死,进行科学方法急救是必要的。在抢救过程中,要每隔数分钟判定一次触电者的呼吸和脉搏情况,每次判定时间不得超过5~7s。在医务人员未接替抢救前,现场人员不得放弃现场抢救。触电急救必须分秒必争,并坚持不断地进行,同时及早与医疗部门取得联系,争取医务人员接替救治。

三、解救触电者脱离电源的方法

发现有人触电,最关键、最首要的措施是使触电者尽快脱离电源。由于触电现场的情况不同,使触电者脱离电源的方法也不一样,在触电现场经常使用表2列出的几种方法。

表2　解救触电者脱离电源的方法

对于低压电源触电	对于高压电源触电
拉:附近有电源开关或插座时,应立即拉下开关或拔掉电源插座。切:若一时找不到断开电源的开关,应迅速用绝缘完好的钢丝钳或断线钳剪断电线,以断开电源。挑:对于由于导线绝缘损坏造成的触电,急救人员可用绝缘工具或干燥木棍等将电线挑开。拽:抢救者可戴上手套或在手上包缠干燥的衣服等绝缘物品拖拽触电者;也可站在干燥的木板、橡胶垫等绝缘物品上,用一只手将触电者拖拽开。	发现有人在高压设备上触电时,救护者应戴上绝缘手套、穿上绝缘鞋,拉开电闸。立即通知有关部门断电。打报警电话。

四、触电急救的方法

1. 简单诊断

(1)将脱离电源的触电者迅速移至通风、干燥的地方,将其仰卧,松开上衣和裤带。见图2。

(2) 观察触电者的瞳孔是否放大,当处于假死状态时,人体大脑细胞严重缺氧,处于死亡边缘,瞳孔自行放大。见图3。

(3) 观察触电者有无呼吸存在,摸一摸颈部的动脉有无搏动。见图4。

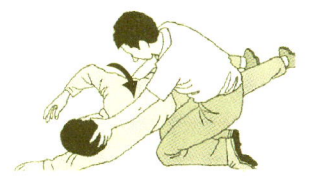
图 2　诊断方法 1

瞳孔正常　瞳孔放大
图 3　诊断方法 2

图 4　诊断方法 3

2. 对有心跳而呼吸停止的触电者应采用口对口人工呼吸法进行急救

(1) 将触电者仰卧,松开衣、裤,以免影响呼吸时胸廓及腹部的自由扩张。再将颈部伸直,头部尽量后仰,掰开口腔,清除口中脏物,取下假牙,如果舌头后缩,应当拉出舌头,使进入人体的气流畅通无阻,如果触电者牙关紧闭,可用木片、金属片从嘴角处深入牙缝,慢慢撬开。

(2) 救护者位于触电者头部一侧,将靠近头部的一只手捏住触电者的鼻子(防止吹气时气流从鼻孔漏出),并将这只手的外缘压住额部,另一只手托其颈部,将颈上抬,这样可使头部自然后仰,解除舌头后缩造成的呼吸阻塞。

(3) 救护者深呼吸后,用嘴紧贴触电者的嘴(中间也可垫一层纱布或薄布)大口吹气,同时观察触电者胸部的隆起程度,一般应以胸部略有起伏为宜。胸腹起伏过大,说明吹气太多,容易吹破肺泡。胸腹无起伏或起伏太小,则吹气不足,应适当加大吹气量。

(4) 吹气至待救护者可换气时,应迅速离开触电者的嘴,同时放开捏紧的鼻孔,让其自动向外呼气。这时应注意观察触电者胸部的复原情况,倾听口鼻处有无呼气声,从而检查呼吸道是否阻塞。按上述步骤反复进行,对成年人每分钟吹气14~16次,大约每5s一个循环,吹气时间稍短,约2s;呼气时间要长,约3s。对儿童吹气,每分钟18~24次,这时不必捏紧鼻孔,让一部分空气漏掉。对儿童吹气,一定要掌握好吹气量的大小,不可让其胸腹过分膨胀,防止吹破肺泡。

3. 在做口对口人工呼吸时,需要注意以下几点

(1) 掌握好吹气压力,一般是刚开始时压力偏大,频率也稍快一些,待10~20次后逐渐减小吹气压力,维持胸腹部的轻度舒张即可。

(2) 若触电者牙关紧闭,一时无法撬开,可用口对鼻吹气,方法与口对口吹气相似,只是此时应使触电者嘴唇紧闭,防止漏气。口对鼻吹气时,救护者的嘴唇应完全盖紧触电者鼻孔,吹气压力应稍大,吹气时间稍长,这样有利于外部气体充分进入肺内,以便加速人体内外的气体交换。

4. 对有呼吸而心跳停止的触电者,应采用胸外心脏挤压法进行急救

(1) 将触电者仰卧硬板或平整硬地面上,解松衣裤,救护者跪在触电者腰部侧。

(2) 救护者将右手的掌根按于触电者胸骨以下横向二分之一处,中指指尖对准颈根凹膛下边缘,左手压在那只手的背上呈双手交叠状,肘关节伸直,靠体重和臂与肩部的用力,向触电者脊柱方向慢慢压迫胸骨下段,使胸廓下陷3~4cm,由此使心脏受压,心室的血液被压出,流至触电者全身各部。

(3) 双掌突然放松，依靠胸廓自身的弹性，使胸腔复位，让心脏舒张，血液流回心室。放松时，交叠的双掌不要离开胸部，只是不加力而已。重复 2、3 步骤，每分钟 60 次左右。

5. 在做心脏挤压时，应注意以下几点

(1) 挤压位置和手掌姿势必须正确，下压的区域在胸骨以下横向二分之一处，即两个乳头连线中间稍偏下方，接触胸部只限于手掌根部，手指应向上，与胸、肋骨之间保持一定距离，不可全掌着力。

(2) 用力要对脊柱方向下压，要有节奏，有一定的冲击性，但不能用大的爆发力，否则将造成胸部骨骼损伤。

(3) 挤压时间和放松时间大体一样。

(4) 对小孩，只用一只手的根部加压，酌情掌握压力大小，每分钟 100 次左右。

6. 心跳和呼吸都已停止的触电者，同时采用口对口人工呼吸和胸外心脏挤压法进行急救

(1) 如果救护者只有一人，也可两种方法交替进行。其作法如下：先用口对口向触电者吹气两次，立即在胸外挤压心脏 15 次，再吹气两次，再挤压 15 次，如此反复进行，直到将人救活或者医生确诊已无法抢救为止。

(2) 救护者有两人时，每 5 秒吹气一次，每一秒挤压一次，两人同时进行。

思考回答：你觉得实际触电急救中需要用到哪些手段？

_____
_____
_____
_____

🛠 任务执行

一、实施阶段

练习使用模拟人进行触电急救。
记录下你的具体工作内容。

_____
_____
_____

二、实施过程

1. 发现有人触电后，应首先立即采取措施使其迅速脱离电源，避免持续电流对其造成进一步伤害，在施救过程中应特别注意对施救者自身的绝缘保护，避免发生新的触电事故。某居民在家中发生了如图 5 所示形式的触电事故，这一事故属于哪一类型的触电？可采用哪些措施使其脱离电源？讨论并查阅相关资料写出答案。

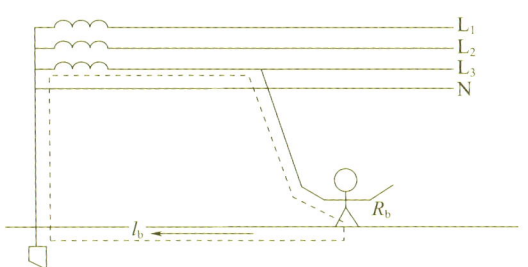

图 5　触电事故示意

2. 将触电者脱离电源后,应立即对触电者的身体状况进行检查,作为进一步施救的依据。查阅相关资料,将表 3 中各图所表现的诊断方法用文字做简单描述。

表 3　诊断方法及图示

方法	图示

3. 确定触电者的身体状况后，应选择合适的方法进行抢救，常用的方法有口对口人工呼吸法、胸外心脏挤压法、人工心肺复苏法等。查阅相关资料，根据下面各组图示，说出各个方法的操作步骤。

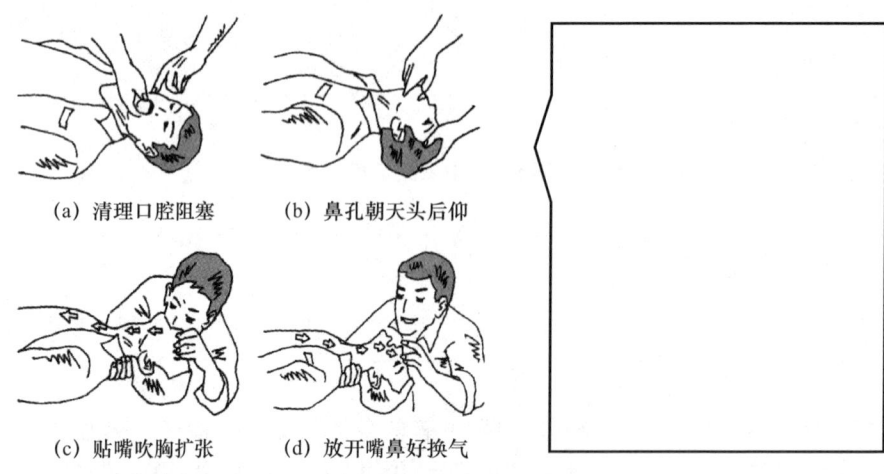

图6　口对口人工呼吸法

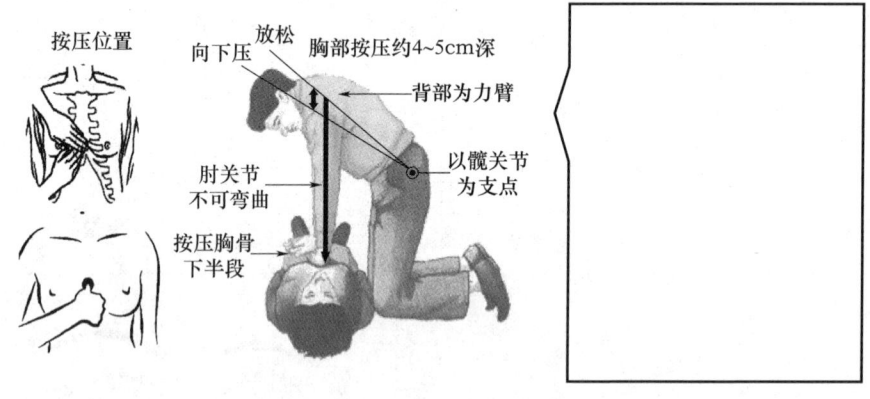

图7　胸外心脏挤压法

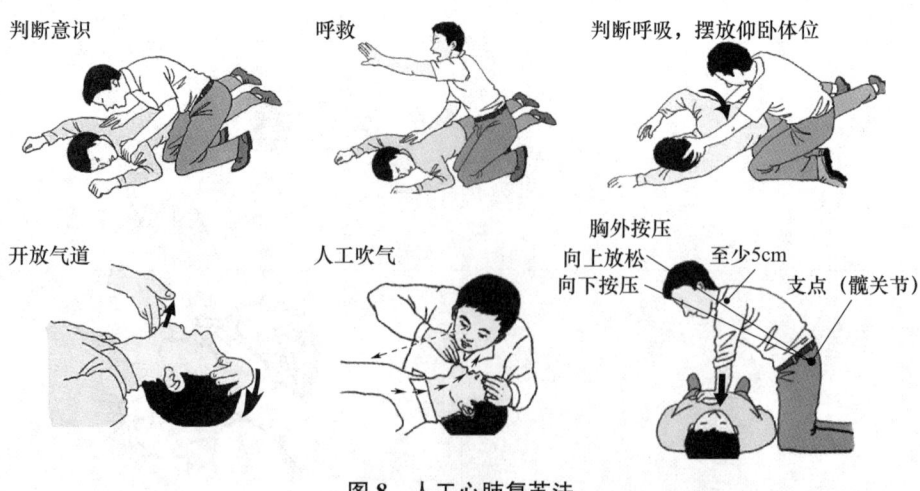

图8　人工心肺复苏法

4. 每日 6S 检查项目。

表 4　每日 6S 检查项目

检查项目	工位号	检查情况	日期	检查人
整理				
整顿				
清扫				
清洁				
素养				
安全				

任务交验

表 5　触电急救实训评价表

序号	考核项目	具体要求指标	配分	得分
1	脱离电源方法的选用	根据具体的要求，选择适用方法脱离电源	10	
2	触电急救步骤	根据具体要求，按步骤进行急救	40	
3	急救表现	根据表现，找出不足	10	
4	模拟人复位	根据要求急救完毕后，模拟人是否复位	10	
5	安全	是否安全操作，无意外发生	20	
6	卫生	操作结束后，工具是否摆放整齐，废料和垃圾是否清理干净	10	
		合计	100	
简要评价（含个人德育、学习、劳动、审美、体育）			学生小组签名	

任务评定

学习活动综合评价

表6 学习活动综合评价表

学习活动		学生姓名	学号	
评价项目	触电急救（口对口人工呼吸法、胸外心脏挤压法）		配分	得分
成果自评	工作内容能否灵活掌握		10	
	工具、仪器使用是否正确		10	
	操作是否正确		10	
	成果显示是否正确		10	
工作过程评价	学习目标和任务是否明确，学习或工作计划是否可行		10	
	是否能够通过各种信息渠道收集完成任务所需资料，并进行科学处理		10	
	是否按照要求完成学习和工作任务		10	
	能否及时解决学习和工作中出现的问题，确保任务顺利实施		10	
情感态度评价	是否有成员之间的交流合作		10	
	实践动手操作的兴趣、态度、积极性		10	
合计			100	
简要评述（素质教育）			教师签名	

小资料

人体触电的方式。

按照发生触电时电气设备的状态，触电可分为直接接触触电和间接接触触电。直接接触触电是触及设备和线路正常运行时的带电体发生的触电（如误触接线端子发生的触电），也称为正常状态下的触电。间接接触触电是触及正常状态下不带电，而当设备或线路故障时意外带电的导体发生的触电（如触及漏电设备的外壳发生的触电），也称为故障状态下的触电。由于二者发生事故的条件不同，所以防护技术也不相同。

学习活动四 　工作总结与评价

任务目标
1. 能使触电者尽快脱离电源。
2. 能正确实施触电急救。

任务时间
2 课时。

任务汇报

一、训练汇报

以小组为单位，选择成员进行触电急救操作过程演示，并简要说明操作过程中的经验和体会。汇报的内容应包括：①学到了什么？②是否存在问题？若有问题，是什么问题？是什么原因导致的？下次该如何避免？

表1　训练汇报内容

汇报人	汇报内容	值得学习的地方	还需改进的地方

二、学习任务综合评价

表 2　工厂 6S 管理与工厂安全用电综合评价表

被评价人			评价时间			
评价项目	评价内容	评价标准	评价方式			
			自我评价	小组评价	教师评价	
劳动素养	安全意识责任意识	A 作风严谨、自觉遵章守纪、出色地完成工作任务 B 能够遵守规章制度、较好地完成工作任务 C 遵守规章制度、没完成工作任务，或虽完成工作任务但未严格遵守规章制度 D 不遵守规章制度、没完成工作任务				
职业素养	学习态度	A 积极参与教学活动，全勤 B 缺勤达本任务总学时的 10% C 缺勤达本任务总学时的 20% D 缺勤达本任务总学时的 30%				
	团队合作意识	A 与同学协作融洽、团队合作意识强 B 与同学能沟通、协同工作能力较强 C 与同学能沟通、协同工作能力一般 D 与同学沟通困难、协同工作能力较差				
专业能力	学习活动 1 工厂 6S 管理	A 按时、完整地完成工作页，问题回答正确，数据记录准确完整 B 按时、完整地完成工作页，问题回答基本正确，数据记录基本准确 C 未能按时完成工作页，或内容遗漏、错误较多 D 未完成工作页				
	学习活动 2 工厂安全用电	A 学习活动评价成绩为 90～100 分 B 学习活动评价成绩为 75～89 分 C 学习活动评价成绩为 60～74 分 D 学习活动评价成绩为 0～59 分				
	学习活动 3 触电急救	A 学习活动评价成绩为 90～100 分 B 学习活动评价成绩为 75～89 分 C 学习活动评价成绩为 60～74 分 D 学习活动评价成绩为 0～59 分				
评价人签字						
创新能力	学习过程中提出具有创新性、可行性的建议		加分奖励：			
指导教师			日期			

综合评价等级计算说明

综合评价等级可根据自我评价、小组评价、教师评价及加分奖励所得成绩计算。

参考以下计算：A：自我评价总分＋小组评价总分＋教师评价总分＋加分奖励≥90

　　　　　　　B：自我评价总分＋小组评价总分＋教师评价总分＋加分奖励为75（含）～90

　　　　　　　C：自我评价总分＋小组评价总分＋教师评价总分＋加分奖励为50（含）～75

　　　　　　　D：自我评价总分＋小组评价总分＋教师评价总分＋加分奖励＜50

其中：

自我评价总分 $=\left(\dfrac{nA+mB+xC+yD}{n+m+x+y}\right)\times 0.1$

小组评价总分 $=\left(\dfrac{nA+mB+xC+yD}{n+m+x+y}\right)\times 0.2$

教师评价总分 $=\left(\dfrac{nA+mB+xC+yD}{n+m+x+y}\right)\times 0.7$

> 式中 $A=90$，$B=75$，$C=50$，$D=30$。n、m、x、y 分别为评价表中 A、B、C、D 各等级的数量。加分奖励为1～10分，由指导教师评定。

 小资料

一、直接接触触电

直接接触触电的特点是：人体的接触电压就是运行设备的工作电压；人体触及带电体造成的故障电流，就是人体的触电电流。实际上直接接触触电时，人体构成了闭合电路的一个组成部分，使人体的某一局部相当于电路中的负载阻抗，由于人体电阻较小（一般为500～3000Ω），因此通过人体的电流往往比较高，在380/220V的低压配电系统中，可能会达到数百毫安（远大于50mA的致命电流），因此危险性大，是伤害程度最为严重的一种触电形式。直接接触触电发生的原因主要有以下两种情况：一是由于误碰或误接近带电设备所造成；二是由于停电检修作业时，未装设临时接地线，而意外地突然来电造成触电。根据人体与带电体的接触方式的不同，直接接触触电分为单相触电和两相触电两种（见图1和图2）。

 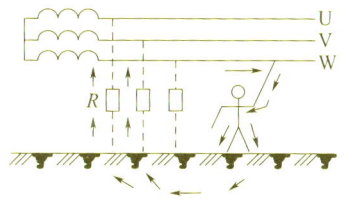 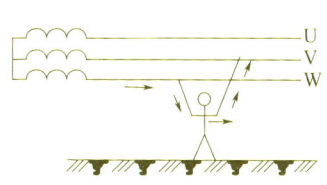

(a) 中性点接地系统的单相触电　　(b) 中性点不接地系统的单相触电

图1　单相触电示意图　　　　　　　　　　　　　　图2　两相触电示意图

二、间接接触触电

（1）跨步电压触电：当电气设备或线路发生接地故障，电流通过接地体向大地流散，在大地表面形成分布电位（在接地体近端电位最高、离开接地体电位逐渐降低，

20m处电位趋于零），此时如有人在接地体附近行走，则两脚之间的电位差即为跨步电压。因跨步电压引起的触电，称跨步电压触电（见图3）。

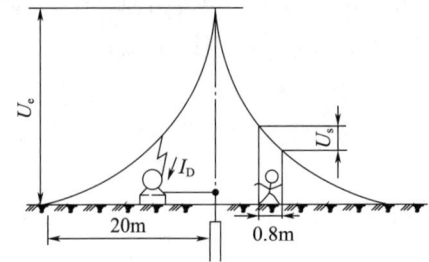

图3　跨步电压触电

（2）接触电压触电：接触电压是指人站在发生接地短路故障设备旁边，人手触及设备外壳，手与脚两点间的电位差。由于接触电压而引起的人体触电称为接触电压触电。

（3）感应电压触电：由于带电设备的电磁感应和静电感应作用，能使附近的停电设备上感应出一定的电位，其数值的大小决定于带电设备电压的高低、停电设备与带电设备两者接近程度、平行距离、几何形状等因素。

（4）剩余电荷触电：电气设备的相间绝缘和对地绝缘都存在着电容效应，由于电容器具有储存电荷的性能，因此，在刚断开电源的停电设备上，都会保留一定量的电荷，称之为剩余电荷，如此时有人触及停电设备，就可能遭受剩余电荷触电。

（5）静电触电：静电是一种自然现象，随着科学技术的发展，静电在生产实践中已被人们广泛利用。

学习任务二　工厂常用电工工具与仪表的使用

任务目标

1. 能掌握工厂常见电工工具的使用技能。
2. 能掌握万用表的使用技巧。
3. 能掌握钳形电流表的使用技巧。
4. 能养成爱护工具和仪表的习惯。
5. 能做到工具有序放置及实训场地的随时清整。

任务时间

18 课时。

任务工作情境

随着社会的发展，我们在工作中越来越离不开电气设备的使用，电气设备为人们的生产生活提供了巨大的便利，如何安装和拆卸电气设备和线路，如何用万用表检测设备和线路，对于在厂中校实习的同学们来说，是必须要掌握的基础知识。在工作中使用电工工具和仪表，必须严格遵守安全操作规程。

任务工作流程与活动

1. 工厂常用电工工具的使用。
2. 工厂常用工厂仪表的使用。
3. 工作总结与评价。

学习活动一　工厂常用电工工具的使用

任务目标

1. 掌握工厂常用电工工具的使用技能。
2. 养成爱护工具的习惯，并能做到工具有序放置及实训场地的随时清整。

任务时间

8 课时。

🛠 任务策划

一、任务要求

在我们所接触到的电工工具中，很多使用并不规范，学生往往按照自己的理解使用，因此，在电工工具的使用中，须达到以下几点要求：

1. 必须根据不同要求选择不同电工工具。
2. 必须选择合理的使用方法和技巧。
3. 电工工具使用完毕后，必须归位。

二、任务分析

表 1　任务分析及任务计划书

项　目	
任务分析	
任务计划	
成　员	

🛠 任务准备

工厂常见电工工具见表 2。

表 2　工厂常见电工工具

试电笔	又称为低压验电器，是专门用来检查低压设备或低压线路是否有电，以及区别火（相）线与零线（中性线）的一种工具。其中，数字显示试电笔在带电体与大地的电压为 2~500V 时，都能显示其电压值	数字显示式　　螺丝刀式 金属笔卡子　弹簧　观察孔　氖管　电阻　金属探头 试电笔结构示意图

续表

名称	说明	图示
电工刀	电工刀是电工常用的一种切削工具。普通的电工刀由刀片、刀刃、刀把、刀挂等构成，电工刀就是用来剖削电线的线头、切割木台缺口、削制木榫的专用工具	
钢丝钳	钢丝钳是在电工操作中使用最多的一种电工钳，它的主要用途就是夹持元件、剪切金属线、弯折金属线或金属片、开剥绝缘导线的绝缘层等	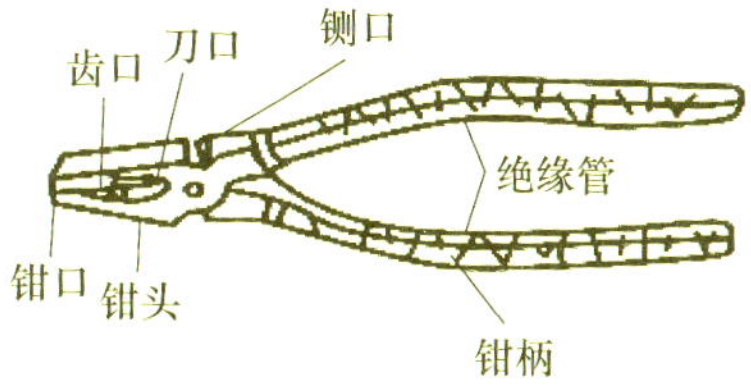 （标注：齿口、刀口、铡口、绝缘管、钳口、钳头、钳柄）
尖嘴钳	尖嘴钳的头部尖细，适用于在狭小的工作空间操作。尖嘴钳也有铁柄和绝缘柄两种，绝缘柄的耐压为500V。尖嘴钳可带电操作，但严禁使用塑料柄。破损的尖嘴钳在非安全电压范围内操作，不允许把尖嘴钳当锤子使用	
断线钳	断线钳又称斜口钳，钳柄有铁柄、管柄和绝缘柄三种。其中电工用的绝缘柄断线钳的外形如右图，绝缘柄的耐压为500V。断线钳在剪断较粗的金属丝、电线及导线时使用，尤其是剪切印制线路板上过长的元件引线时选用。还可以代替剪刀剪切绝缘套层、尼龙扎线卡等	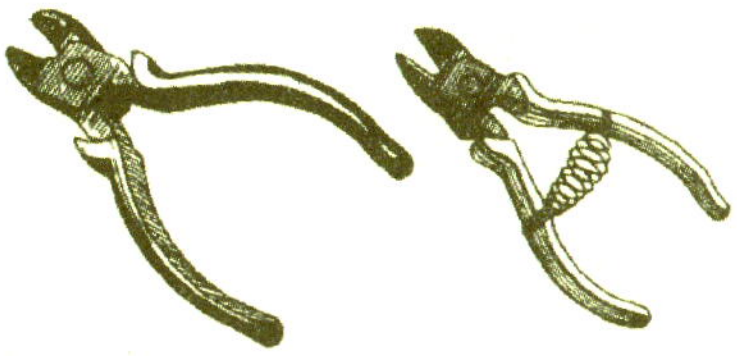
螺丝刀	螺丝刀又称螺钉旋具，由手柄和金属杆组成，主要作用是紧固、拆卸螺钉。根据金属杆顶端的形状，可以分为平口（一字）螺丝刀和梅花（十字）螺丝刀	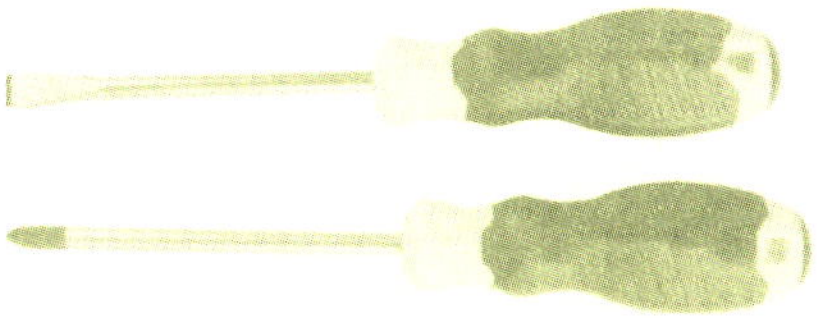
剥线钳	剥线钳由刀口、压线口和绝缘钳柄组成。剥线钳的钳柄上套有额定工作电压500V绝缘套管。剥线钳用于剥除线芯截面为$6mm^2$以下塑料或橡胶绝缘导线的绝缘层	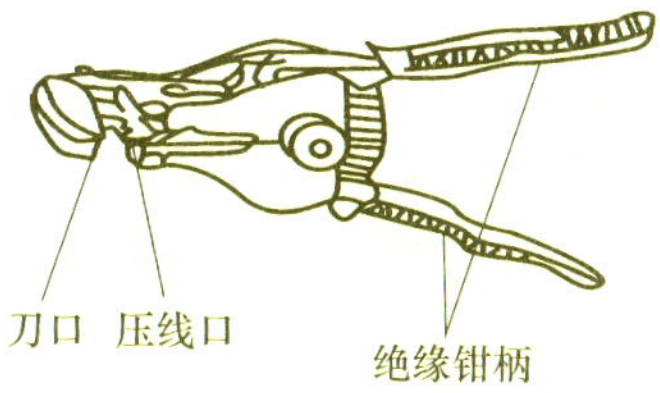 （标注：刀口、压线口、绝缘钳柄）

29

续表

名称	使用方法	图片
线槽剪切钳	抬起线槽剪切钳，把需要裁剪线槽放入下面，估量长短后用力下压，裁剪到自己所需要的长度。长度合适后可以批量制作	切PVC线槽 切钢/铝导轨
可充电式手电钻	打开手电钻开关，先空转一秒，看下是否灵活，有无杂音；选择合适钻头或者丝攻，双手握紧手电钻，尽量不要单手操作，操作时不要用力过猛，防止钻头断裂伤人	
针型端子钳	检查被压端子与导线规格是否匹配。将要压的端子放入压线模具中，使用合适力度压所选端子。压好后看下所压端子，一手拿端子一手拿线拉扯一下，看是否牢固	
内六角扳手	用于紧固或者拆卸内六角螺丝钉。使用时螺丝和内六角扳手要配套；内六角扳手成L型使用时，选择合适空间使用不同的两个头进行工作；使用内六角扳手工作时，要力度合适，不能用力过猛，以免扳手断裂	
Y型端子钳	压接线端子剥线时注意线材的型号，SV1-3型号线直径不大于$0.5mm^2$剥线长度为10mm且压双线，大于$0.5mm^2$剥线长度为5mm压单线，端子放置在压线钳合适的位置，单手用力压下即可	
船型端子钳	选择合适线径及压线钳对应刀口；压按钮开关端子剥线的长度为4mm，线芯相互缠绕后对折；端子正确放置压线钳的位置，把做好的导线插入并用力压紧	

学习任务二　工厂常用电工工具与仪表的使用

续表

热风枪	接头插上 220V 交流电，打开开关，温度调节 130℃左右，加热热塑管时，可以根据材料不同，选择不同温度，旋转要加热物品，均匀加热。加热时人员不能离开	
多功能剥线钳	把需要剥的电芯截平，根据所要剥线直径选择合适剥线口，放入要剥皮的导线，向后旋转一下，完成剥线；多根线剥线方法选不同剥线口，方法同上	

思考回答 1. 你觉得实训中需要用到哪些电工工具？

思考回答 2. 如何使用试电笔？如何使用电子式试电笔测量电路是否通断？

任务执行

一、实施阶段

练习使用电工工具安装、拆卸网板上的低压电器，制作导线。使用试电笔测量相关电器和线路。

记录下你的具体工作内容。

二、实施过程

1. 螺丝刀的使用。根据实际操作和图示写出具体操作内容。

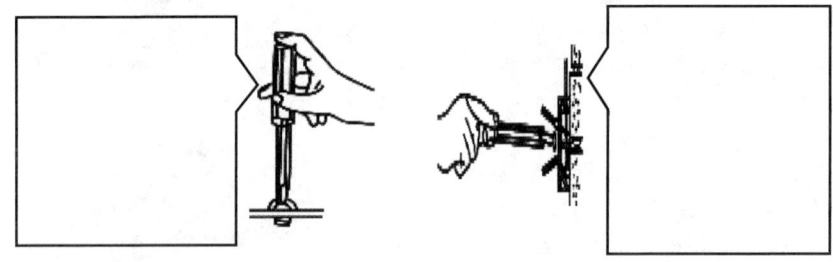

图 1　螺丝刀的使用 1　　　　　　图 2　螺丝刀的使用 2

2. 试电笔的使用。根据实际操作和图示写出具体操作内容。

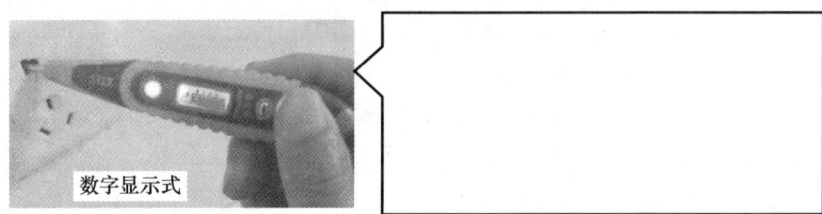

图 3　试电笔的使用

3. 剥线钳的使用。根据实际操作和图示写出具体操作内容。

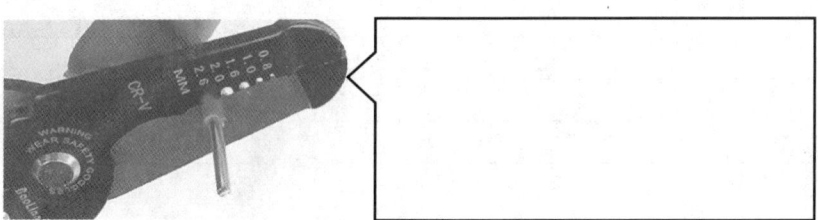

图 4　剥线钳的使用

4. 每日 6S 检查项目。

表 3　每日 6S 检查项目

检查项目	工位号	检查情况	日期	检查人
整理				
整顿				
清扫				
清洁				
素养				
安全				

任务交验

表4 常用电工工具实训评价表

序号	考核项目	具体要求指标	配分	得分
1	准备工作	常用电工工具和材料是否准备齐全	10	
2	电工工具的使用	准确使用电工工具	60	
3	成功率	未浪费材料，成功率为100%	10	
4	安全	是否安全操作，无意外发生	10	
5	卫生	操作结束后，工具是否摆放整齐，废料和垃圾是否清理干净	10	
		合计	100	
简要评述（含个人德育、学习、劳动、审美、体育）			学生小组签名	

小资料

试电笔的使用

使用试电笔测试带电体时，电流由带电体经试电笔、人体到大地形成通路，只要带电体与大地的电压超过一定的数值，试电笔的氖管就会发出辉光，氖管的发光电压为60~500V，亮度与电压大小有关，如图5所示。握笔方法：手指触及笔尾的金属部分，笔尖触及带电体（一相）上，不拿试电笔的手应放在背后，如图5、图6所示。

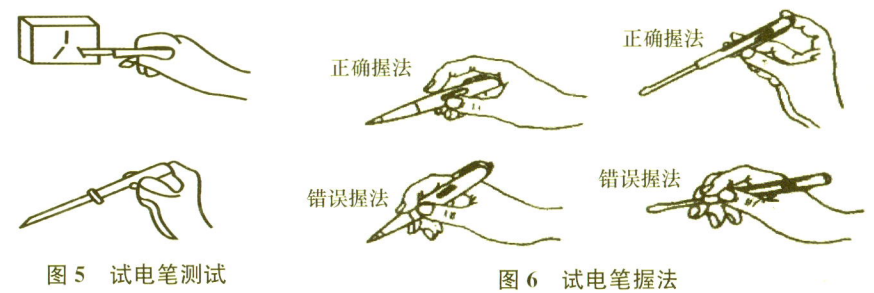

图5 试电笔测试　　　　图6 试电笔握法

注意：使用前，必须在有电源处对验电器进行测试，以证明该验电器确实良好，方可使用。验电时，应使验电器逐渐靠近被测物体，直至氖管发亮，不可直接接触被测体。验电时，手指必须触及笔尾的金属体，否则带电体也会误判为非带电体。验电时，要防止手指触及笔尖的金属部分，以免造成触电事故。

任务评价

表5 学习活动综合评价表

学习活动_____ 学生姓名_____ 学号_____

评价项目	评价要点	配分	得分
平时表现评价	出勤情况、工装穿戴情况	10	
	纪律情况、学习主动性	10	
	6S执行情况	10	
综合能力评价	是否能够积极查询资料完成思考内容	20	
	是否正确完成计划和学习任务的制定	10	
	计划实施：是否正确完成和执行计划	10	
	调试和检修：是否能够正确调试和检修	20	
情感态度评价	团队合作、互动与创新情况	5	
	实践动手操作的兴趣、态度、积极性	5	
合计		100	
简要评述（素质教育）		教师签名	

小资料

表6 机构组装常用工具的名称种类

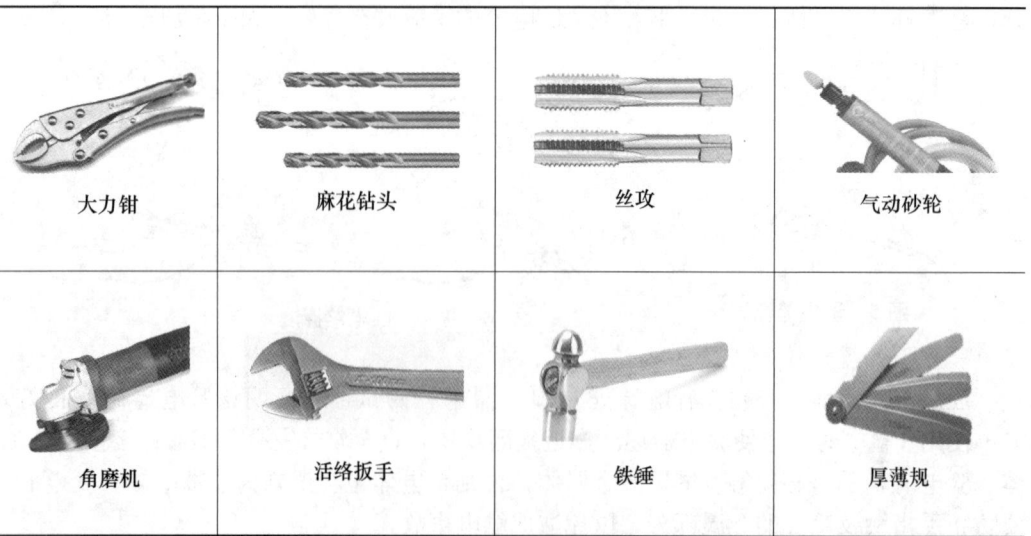

| 大力钳 | 麻花钻头 | 丝攻 | 气动砂轮 |
| 角磨机 | 活络扳手 | 铁锤 | 厚薄规 |

学习活动二 工厂常用电工仪表的使用

任务目标

1. 能掌握万用表及钳形电流表的使用技能。
2. 能养成爱护工具和仪表的习惯，并能做到工具有序放置及实训场地的随时清整。

任务时间

8 课时。

任务策划

一、任务要求

在日常所接触到的电工仪表中，我们发现很多用户使用不太规范，这给以后的设备维护与检查带来麻烦。因此，在电工仪表的使用中，须达到以下几点要求：

1. 必须根据不同要求选择不同电工仪表，同时选择合适挡位进行测量。
2. 必须准确读数，减少人为误差。
3. 电工仪表使用完毕后，必须复位。

二、任务分析

表 1 任务分析及任务计划书

项 目	
任务分析	
任务计划	
成 员	

PLC 编程与综合应用

🛠 任务准备

常用电工仪表见表2、表3。

1. 万用表

表 2　万用表简介

万用表介绍	万用表（又称多用表）是能测量多种电气参数、有多种量程的携带式电工仪表。它是电工维修中最基本、最常用的检测仪表。目前主要按其结构分成模拟式（指针式）和数字式两大类。万用表在电工维修中主要用于检测电阻、交流电压、直流电压与电流。有的还能测量交流电流、音频电平、三极管正向压降、三极管静态放大系数以及电容、电感等参数
万用表选用	万用表一般都能满足交、直流电压 0～500V，直流电流 0～500mA，电阻 0～2MΩ 的测量。特殊的带有高压量程（2500V），交、直流大电流量程（5A），电容、电感、音频电平与晶体管测试等。就表头灵敏度而言，灵敏度越高，即测量仪表对被测电路的影响越小，测量的误差也越小。万用表灵敏度分高、中、低 3 类。从测量准确度分析，一般万用表的准确度等级为直流 2.5 级、交流 5.0 级。高准确度万用表的准确度为直流 1.0 级、交流 1.5 级。万用表的准确度可分精密、较精密和普通 3 类。选用万用表，应根据测量对象及使用要求选用合适的型号。在电工、电力方面的测量，可采用低灵敏度（1000～4000Ω/V）、多量程、高稳定度的万用表。对电子电路的测量，可采用具有较高灵敏度（20000Ω/V）的万用表。业余人员在一般场合，可采用价格不高的普通型万用表
万用表类型	模拟式（指针式）、数字式
万用表使用（电阻的测量）	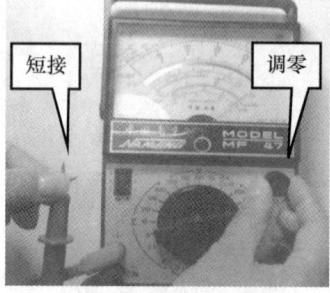 测量前短接指针调零　　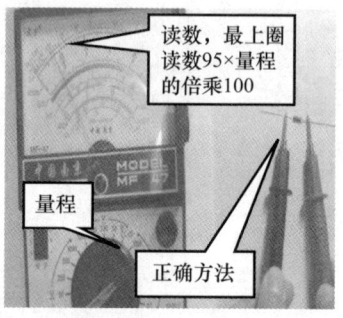 测量电阻（正确方法） 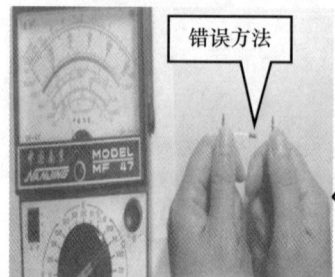 测量电阻（错误方法） 操作注意：1.不能双手同时接触电阻，不然测得就是人体电阻与被测电阻的并联值。2.测量值＝量程×指示数。3.换用不同量程需要重新调零。4.调零时指针指不到0处，应更换电池。5.选量程时，指针稳定后指在刻度盘中间附近位置，测量值较准确。

2. 钳形电流表

表3 钳形电流表简介

钳型表介绍	钳形电流表简称钳形表，是一种携带方便、可在不断电时测量电路中电流的仪表。它分为交流钳形表和交直流钳形表两类。交直流钳形表可测量交流和直流电流，但因其构造复杂、成本高，所以现在使用的大多是交流钳形表
钳型表类型	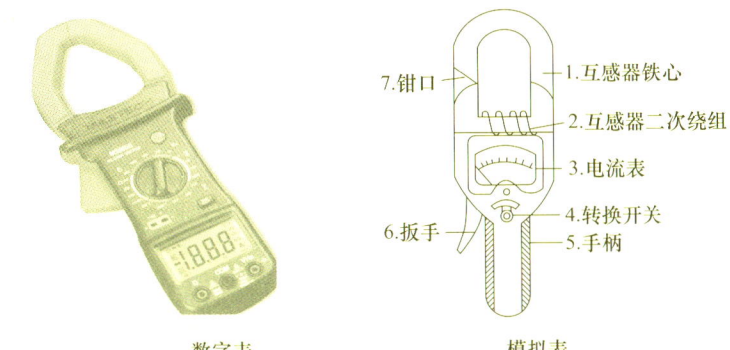 数字表　　　模拟表 7.钳口　1.互感器铁心　2.互感器二次绕组　3.电流表　4.转换开关　5.手柄　6.扳手
钳型表使用	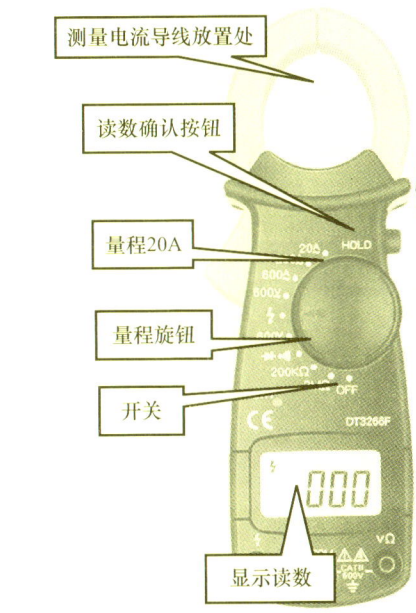 测量电流导线放置处、读数确认按钮、量程20A、量程旋钮、开关、显示读数 注意：1.钳形电流表不允许测高压线路的电流，被测线路的电压不得超过钳形电流表所规定的数值，以防绝缘击穿，造成触电事故。2.测量前先估值，不确定则从最大量程开始测。3.紧握手把将钳口张开，把被测载流导线引于钳口内中间，导线应处于钳口内中央处，以免产生较大误差。4.测量时钳口应紧密结合，如有杂音，可重新开合一次；如仍有杂音，应检查钳口有无污垢，污垢可用汽油擦干净。5.松手让钳口关闭，就可从表盘读出被测电流的大小。此时指针指示的数值乘以量程与标尺最大刻度的比值，便是被测电流值。6.测量过程中绝不能切换量程挡，否则容易造成钳表的损坏。7.每次测量只能钳入一根导体。8.若被测电流较小，可将载流导线在钳表的钳口上绕几匝，然后将读数除以所绕匝数即为被测电流值。

思考回答 1. 你觉得实训中需要用到哪些电工仪表？

思考回答 2. 如何使用万用表？

PLC 编程与综合应用

🛠 任务执行

一、实施阶段

练习使用电工仪表测量相关电气设备和线路。

1. 记录下你的具体工作内容。

_____

_____

_____

2. 万用表如何选用？

_____

_____

_____

二、实施过程

1. 练习万用表的使用。根据实际操作和图示写出具体操作内容。

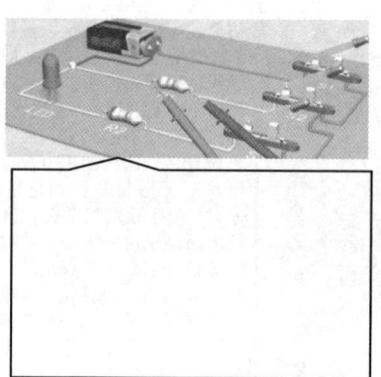

图 1　万用表的使用 1

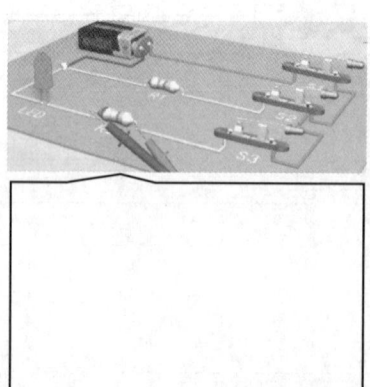

图 2　万用表的使用 2

2. 练习钳形电流表的使用。根据实际操作和图示写出具体操作内容。

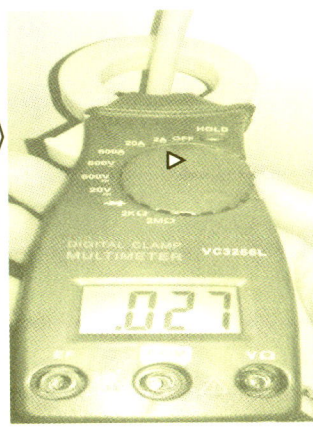

图 3　钳形电流表的使用

3. 每日 6S 检查项目。

表 4　每日 6S 检查项目

检查项目	工位号	检查情况	日期	检查人
整理				
整顿				
清扫				
清洁				
素养				
安全				

任务交验

表 5　电工仪表实训评价表

序号	考核项目	具体要求指标	配分	得分
1	电工仪表选用	根据具体的检测项目选择适用电工仪表	10	
2	检测步骤	根据具体要求和检测材料，按步骤进行检测	20	
3	读数及误差	根据要求，读出数据，确定误差	30	
4	电工仪表复位	根据要求检测完毕后，电工仪表是否复位	10	
5	安全	是否安全操作，无意外发生	20	
6	卫生	操作结束后，工具是否摆放整齐，废料和垃圾是否清理干净	10	
		合计	100	
简要评述（含个人德育、学习、劳动、审美、体育）			学生小组签名	

任务评定

表6 学习活动综合评价表

学习活动_____ 学生姓名_____ 学号_____

评价项目	评 价 要 点	配分	得分
平时表现评价	出勤情况、工装穿戴情况	10	
平时表现评价	纪律情况、学习主动性	10	
平时表现评价	6S执行情况	10	
综合能力评价	是否能够积极查询资料完成思考内容	20	
综合能力评价	是否正确完成计划和学习任务的制定	10	
综合能力评价	计划实施：是否正确完成和执行计划	10	
综合能力评价	调试和检修：是否能够正确调试和检修	20	
情感态度评价	团队合作、互动与创新情况	5	
情感态度评价	实践动手操作的兴趣、态度、积极性	5	
合计		100	
简要评述（素质教育）		教师签名	

小知识

如何报火警：（1）拨打119火警电话报警。

（2）详细说明公司名称、详细地址、附近较明显的建筑物。

（3）详细说明燃烧物的性质、火势大小情况和人员是否受困。

（4）派人到消防车可能来到的路口接应。

学习活动三 工作总结与评价

任务目标

1. 能掌握常见电工工具的使用技能。
2. 能掌握万用表的使用技巧。
3. 能掌握钳形电流表的使用技巧。
4. 养成爱护器材、工具和仪表的习惯，做到工具有序放置及实训场地的随时清整。

学习任务二　工厂常用电工工具与仪表的使用

任务时间

2 课时。

任务汇报

一、训练汇报

以小组为单位，选择成员进行电工工具和电工仪表操作过程演示，并简要说明操作过程中的经验和体会。汇报的内容应包括：①学到了什么？②是否存在问题？若有问题，是什么问题？是什么原因导致的？下次该如何避免？

表 1　训练汇报内容

汇报人	汇报内容	值得学习的地方	还需改进的地方

二、任务综合评价

表2 常用电工工具与电工仪表的使用综合评价表

被评价人			评价时间			
评价项目	评价内容	评价标准	评价方式			
			自我评价	小组评价	教师评价	
劳动素养	安全意识责任意识	A 作风严谨、自觉遵章守纪、出色地完成工作任务 B 能够遵守规章制度、较好地完成工作任务 C 遵守规章制度、没完成工作任务，或虽完成工作任务但未严格遵守规章制度 D 不遵守规章制度、没完成工作任务				
职业素养	学习态度	A 积极参与教学活动，全勤 B 缺勤达本任务总学时的10% C 缺勤达本任务总学时的20% D 缺勤达本任务总学时的30%				
	团队合作意识	A 与同学协作融洽、团队合作意识强 B 与同学能沟通、协同工作能力较强 C 与同学能沟通、协同工作能力一般 D 与同学沟通困难、协同工作能力较差				
专业能力	学习活动1 工厂常用电工工具的使用	A 按时、完整地完成工作页，问题回答正确，数据记录准确完整 B 按时、完整地完成工作页，问题回答基本正确，数据记录基本准确 C 未能按时完成工作页，或内容遗漏、错误较多 D 未完成工作页				
	学习活动2 工厂常用电工仪表的使用	A 学习活动评价成绩为90～100分 B 学习活动评价成绩为75～89分 C 学习活动评价成绩为60～74分 D 学习活动评价成绩为0～59分				
	学习活动3 工作总结与评价	A 学习活动评价成绩为90～100分 B 学习活动评价成绩为75～89分 C 学习活动评价成绩为60～74分 D 学习活动评价成绩为0～59分				
评价人签字						
创新能力	学习过程中提出具有创新性、可行性的建议		加分奖励：			
指导教师			日期			

学习任务三　PLC初探

任务目标

1. 能掌握PLC的结构组成与工作原理。
2. 能掌握PLC的外部结构与接线。
3. 能掌握PLC编程软件。

任务时间

24课时。

任务情境描述

20世纪60年代末，诞生了一种新型的控制设备——可编程序控制器（简称PLC）。PLC是一种数字运算操作系统，专为工业环境下应用而设计。采用可编程存储器，在其内部存储执行逻辑运算、顺序控制、定时计数和算数运算等指令，通过数字及模拟量的输入/输出，控制机械生产过程。PLC的出现，在设备控制领域掀起一场革命，许多公司纷纷推出PLC产品，如三菱、西门子等，其性能和功能不断提高和完善，应用领域不断扩大。现在PLC与CAD/CAM、机器人技术成为现代工业自动化三大支柱。对于厂中校的同学们来说，不仅要掌握PLC的知识技能，还要树立安全意识，使自己的德智体美劳均衡发展，成为社会主义的合格接班人。

任务工作流程与活动

1. PLC的结构组成与工作原理。
2. PLC的外部结构和接线。
3. PLC编程软件。
4. 工作总结与评价。

学习活动一　PLC的结构组成与工作原理

任务目标

1. 能掌握PLC的硬件组成及各组成部分的功能。
2. 能掌握PLC的工作原理、等效电路和特点。

3. 能熟悉 PLC 的性能指标和分类。

任务时间

4 课时。

任务策划

一、任务要求

PLC 是专门为工业现场应用而设计的控制器，采用了典型的计算机结构，由硬件和软件两大系统组成。目前市场 PLC 种类繁多，如三菱、欧姆龙、西门子、施耐德等，但结构和工作原理基本相同，本任务以西门子 S7-200 为例对 PLC 进行介绍，掌握它的结构、工作原理和作用。

二、任务分析

表 1 任务分析及任务计划书

项　目	
任务分析	
任务计划	
成　员	

任务准备

一、PLC 的结构与组成

PLC 硬件系统主要由 CPU、输入/输出接口电路、存储器、电源等组成。

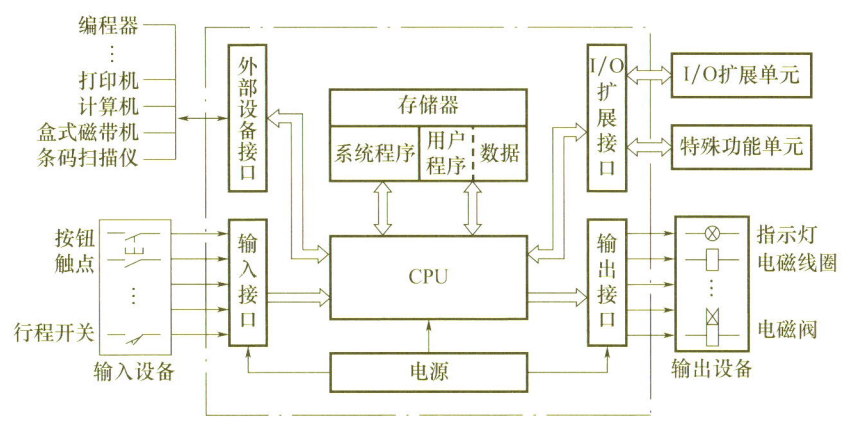

图1　PLC的结构与组成

1. 中央处理单元CPU（Central Processing Unit）

中央处理单元又称CPU模块或中央控制器，它是PLC的"大脑"，由控制器、运算器和寄存器组成。CPU通过数据总线（Data-Bus）、地址总线（Address Bus）和控制总线（Control Bus）与输入/输出接口电路、存储单元电路连接。

CPU的主要作用是：（1）诊断电源、PLC内部电路的工作故障和编程中的语法错误等。（2）接收并存储由编程器、上位机输入的用户程序和数据。（3）用扫描的方式通过I/O端接收现场的数据，并存入指定的存储单元或寄存器中。（4）当PLC进入运行状态后，从存储器逐条读取用户指令，经命令解释后按指令规定的任务进行数据传送、逻辑或算术运算等。（5）根据运算结果，更新有关标志位的状态和输出寄存器的内容，再经输出端实现输出控制、制表、打印或数据通讯的功能。

2. 存储器

存储器主要用于存放系统程序、用户程序和工作数据。因此，存储器有三类：存放系统程序的存储器称为系统程序存储器；存放应用程序的存储器称为用户程序存储器；存放工作数据的存储器称为数据存储器。PLC常用的存储器类型有RAM、ROM、EPROM、EEPROM等。

3. 输入/输出单元（I/O模块）

（1）输入接口。它用于接收来自现场设备的各种控制信号，常与限位开关、操作按钮、行程开关、传感器输出等（开关量）连接，或者与电位器、热电偶等（模拟量）的输出连接。通过输入接口电路，输入接口将这些信号转换成CPU能够识别和处理的信号，并存入输入映像寄存器。

（2）输出接口。它用于将PLC处理后的内部标准输出信号转换成执行机构所需的控制信号。用户程序由CPU执行后，处理结果存放到输出映像寄存器中，输出接口电路将其由弱电控制信号转换成现场需要的强电信号，以驱动接触器、电磁阀、指示灯、报警喇叭等。输出模块有开关量输出型和模拟量输出型两种。

4. 扩展单元

扩展单元是对基本单元的输入、输出接口进行扩展。扩展单元一般需和基本单元配合使用，不能单独使用。而且有的CPU可以扩展，有的不能。

5. 电源

PLC一般使用220V的交流电源或24V的直流电源作为工作电源。整体式小型

PLC 还提供一定容量的直流 24V 电源,供外部有源传感器或输入模块电路工作用电。

6. 通信接口

PLC 通信接口主要是为了实现"人-机"或"机-机"之间的对话,PLC 通过通信接口可以与打印机、计算机、扫描仪、触摸屏等外部设备相连,也可以与其他 PLC 相连。

7. 其他部件

有的 PLC 根据需要还可以配存储器卡、电池卡等。

二、PLC 的工作原理

1. PLC 的工作原理

以电气控制系统中最多的基本电路"启动-保持-停止"的控制电路为例,通过两种控制方式的比较来阐述 PLC 的工作原理。

(1) 用继电器直接控制的电路,见图 2。

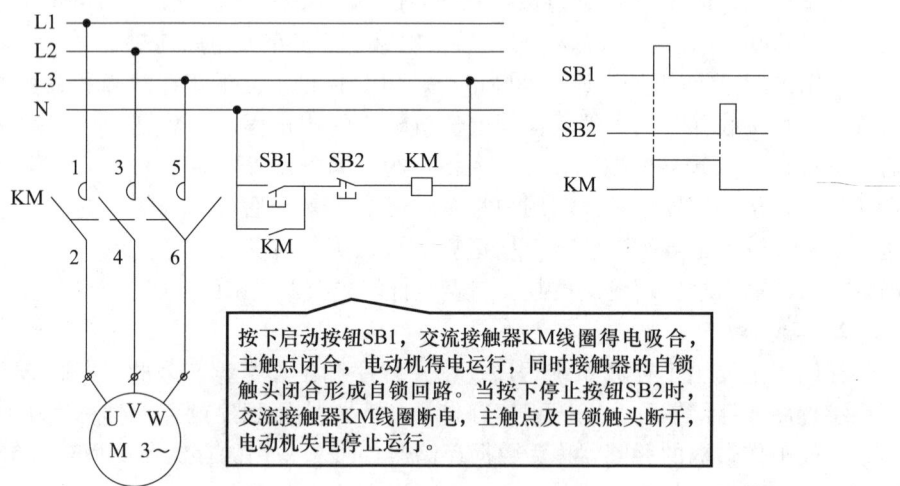

图 2 用继电器直接控制的电路

(2) 用 PLC 控制的电路,见图 3。

(3) "启动-保持-停止"控制电路,见图 4。

在 PLC 控制电路中,上述梯形图称之为"启动-保持-停止"控制电路,或自锁长动控制电路,启动按钮 SB1 常开触点和停止按钮常开触点通过输入端口 I0.0、I0.1 进入输入映像寄存器 I0.0 和 I0.1,输出 Q0.0 通过输出映像寄存器通过输出端口 Q0.0 与继电器线圈相连。

I0.0 常开触点为启动位、Q0.0 常开触点为保持位、I0.1 常闭为停止位。

按下启动按钮 SB1,I0.0 常开有能流通过,I0.1 常闭有能流通过,Q0.0 线圈有能流通过,Q0.0 常开触点闭合,有能流通过,灯亮;松开按钮 SB1,灯长亮;按下停止按钮 SB2,I0.1 常闭能流被切断,Q0.0 线圈无能流通过,Q0.0 常开触点断开,无能流通过,灯灭。

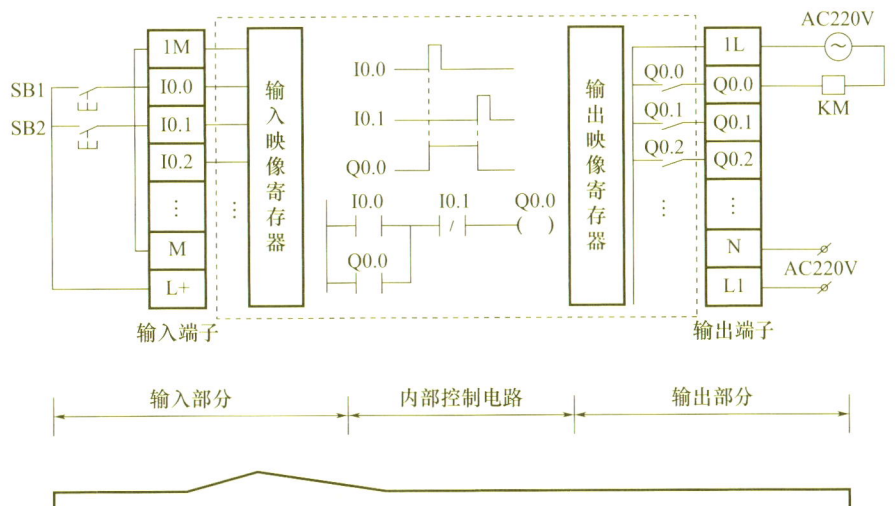

图 3 用 PLC 控制的电路

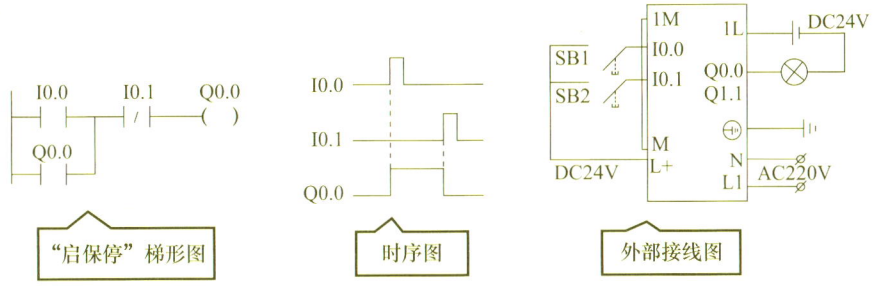

图 4 "启动-保持-停止"控制电路

在 PLC 中，"自锁"是利用 PLC 循环扫描的工作原理，将输出位与输入位的常开触点并联，使线圈保持接通状态。利用"停止按钮"位的常闭触点串联实现能流的切断，使线圈输出位为 0，实现电器元件的停止。

2. PLC 的工作方式

PLC 是采用循环扫描工作方式执行程序的，见图 5。PLC 中用户程序按先后顺序存放，CPU 从第一条指令开始执行程序，直到遇到结束符号后又返回第一条，如此重复，不断循环。

PLC 工作时的扫描过程可分为 5 个阶段：内部处理、通信处理、输入扫描、程序执行、输出处理，见表 2。

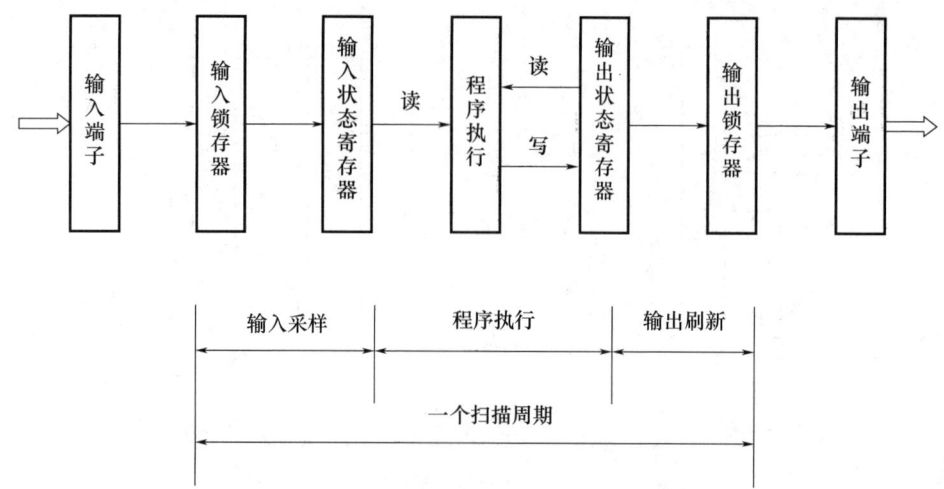

图 5　PLC 的扫描工作过程示意图

表 2　PLC 工作时扫描过程的五个阶段

内部处理阶段	PLC 的 CPU 对硬件各部分进行检查。如果发现异常，则停机并显示报警信息。
通信处理阶段	PLC 与一些智能模块通信，响应编程器键入的命令，更新编程器内容等。
输入扫描阶段	又叫输入采样阶段，扫描所有输入端子，并将各输入状态存入相应的输入映像寄存器中。此时，输入映像寄存器被刷新。
程序执行阶段	按先左后右、先上后下的步序，逐条指令进行扫描，执行程序。从映像寄存器中"读入"采集到的对应端子状态，按照程序进行处理，处理结果再存入元件映像寄存器中。
输出处理阶段	又叫输出刷新阶段。程序执行完毕后，元件映像寄存器中所有输出继电器的状态，在输出刷新阶段存储到输出锁存器中，通过隔离电路驱动功率放大电路，使输出端子向外界输出控制信号，驱动负载。
PLC 扫描周期	PLC 正常运行时完成一次扫描所用的时间。扫描周期的长短与用户程序的长短和扫描速度有关。
PLC 操作模式	有两种方式，RUN（运行）模式和 STOP（停止）模式。当 PLC 处于 STOP 状态时，CPU 不执行用户程序，可以用编程软件创建和编辑用户程序，并将用户程序和硬件信息下载到 PLC，只进行内部处理和通信操作服务等内容。当 PLC 处于 RUN 状态时，内部处理、通信处理、输入扫描、程序执行、输出处理，一直循环扫描工作。遵循集中输入、集中输出、周期循环扫描的规律。一旦诊断内部硬件电路正常，无通信服务时 PLC 就可以正常运行。此时，PLC 扫描过程就剩下三个主要阶段，即"输入扫描""程序执行""输出处理"。这三个阶段也是 PLC 工作原理的实质所在。面板上的模式开关在 STOP 或 TEPM 位置，电源通电后 CPU 自动进入 STOP 模式；在 RUN 位置，电源通电后自动进入 RUN 模式。

三、PLC 的性能指标和分类

1. PLC 的性能指标

主要有 I/O 点数、存储容量、扫描速度、指令系统、扩展能力等。

表 3 PLC 的性能指标

I/O 点数	指 PLC 外部输入、输出端子总数。这是 PLC 最重要的一项技术指标,它表明了该 PLC 可接收的输入信号和可输出的信号的数量。PLC 的输入、输出信号有开关量和模拟量两种。对于开关量,I/O 点数为输入、输出端子的总和;对于模拟量,I/O 点数用最大的 I/O 通道数表示。
存储容量	通常指用户程序存储器和数据存储器容量之和,表示 PLC 系统提供给用户的可用资源。存储容量常用字节(B)表示,1024 个字节为 1kB(千字节)。
扫描速度	PLC 采用循环扫描方式工作。CPU 完成一次扫描所需的时间叫作扫描周期,扫描速度与扫描周期成反比。扫描速度主要和用户程序的长度以及 PLC 的类型有关。
指令系统	是指 PLC 所有指令的总和。PLC 的指令越多,编程功能就越强。
扩展能力	大部分 PLC 除了主机外还有多种扩展单元,用户可以根据不同的功能需要选择不同的扩展模块。SIEMENS 的 S7-200 系列 PLC,CPU221 不能扩展,CPU222 最多 2 个扩展模块,CPU224 和 CPU226 最多 7 个扩展模块。

2. PLC 的分类

表 4 PLC 的分类

按 PLC 的结构形式分类:整体式、模块式	
整体式 PLC:体积小、结构紧凑,通常见到的小型 PLC 常采用这种结构。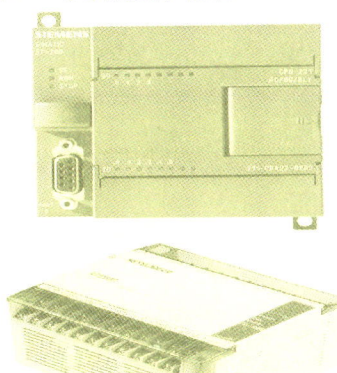 提示:整体式 PLC 容易装配在工业控制设备的内部,比较适合生产机械的单机控制,但其主机的 I/O 点数固定,使用不够灵活,维修比较麻烦。	**模块式 PLC**:各种模块可以根据需要来选择配置。大、中型 PLC 一般采用模块式结构。 S7-300 系列模块式 PLC  提示:模块式 PLC 的特点是配置灵活,可以根据需要选配不同规模的系统,而且装配方便,便于扩展和维修。
按 PLC 的输入/输出(I/O)点数分类:小型机、中型机、大型机	

思考回答 1. 以启动-保持-停止线路为例，谈一下你认为的 PLC 工作原理？

_____

_____

_____

思考回答 2. 以启动-保持-停止线路为例，谈一下你认为的 PLC 工作方式？

_____

_____

_____

任务执行

一、实施阶段

观察一体化车间的 PLC，通过实际使用和查阅资料，掌握其工作原理、工作方式、分类及性能指标。记录下你的具体工作内容是什么？

_____

_____

_____

二、实施过程

1. PLC 的工作原理

（1）继电器直接控制的电路（写出原理）。

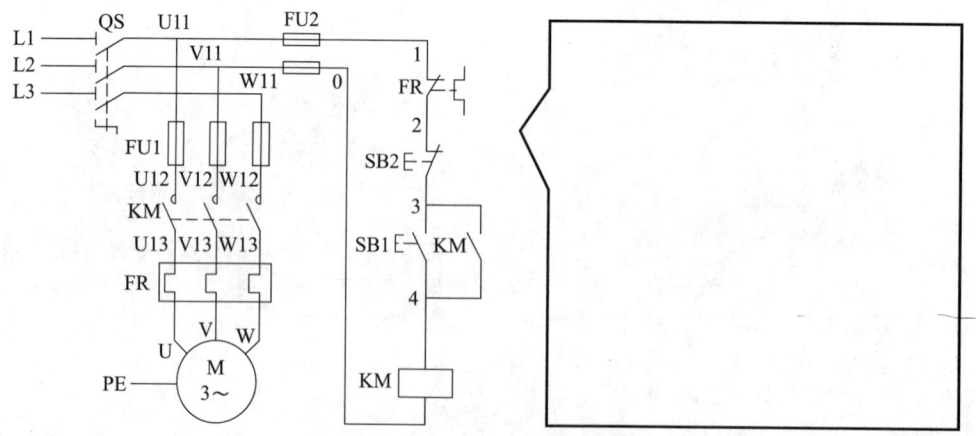

图 6　继电器直接控制的电路

(2) 用 PLC 控制的电路（写出原理，补全内部控制电路）。

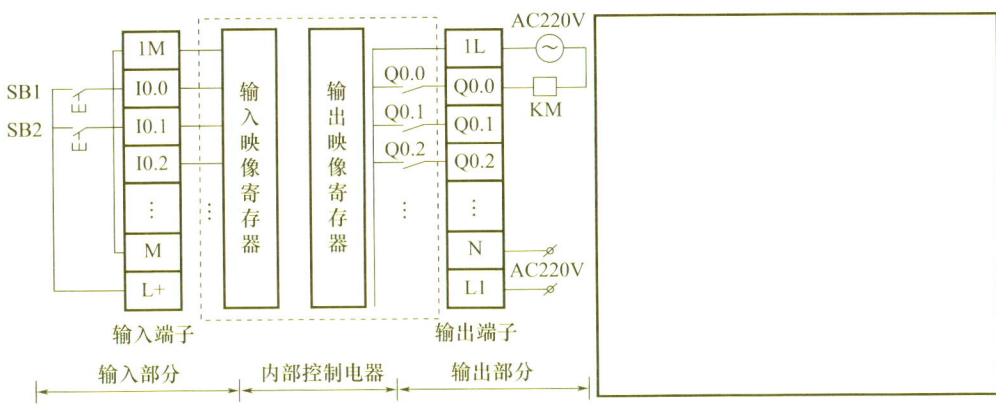

图 7　用 PLC 控制的电路

2. PLC 工作方式（写出过程）

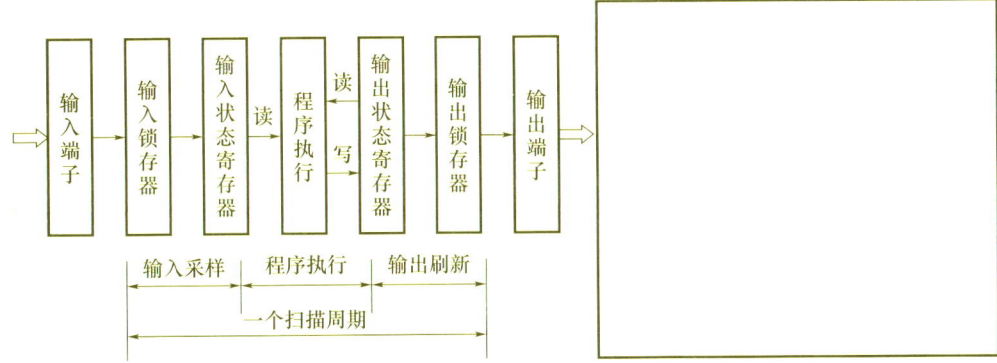

图 8　PLC 工作方式

3. PLC 的分类和性能

写出车间的 PLC 性能和类别。

4. 每日 6S 检查项目

表 5　每日 6S 检查项目

检查项目	工位号	检查情况	日期	检查人
整理				
整顿				
清扫				
清洁				
素养				
安全				

任务交验

表 6　PLC 结构组成与工作原理实训评价表

序号	考核项目	具体要求指标	配分	得分
1	准备工作	PLC 是否准备齐全	10	
2	一体化车间 PLC 的使用	准确描述结构组成、工作原理及性能指标	60	
3	成功率	掌握知识要求	10	
4	安全	是否安全操作，无意外发生	10	
5	卫生	操作结束后，工具是否摆放整齐，废料和垃圾是否清理干净	10	
		合计	100	
简要评价（含个人德育、学习、劳动、审美、体育）			学生小组签名	

任务目标

表 7　任务活动综合评价表

学习活动＿＿＿＿＿＿＿＿　学生姓名＿＿＿＿＿＿＿　学号＿＿＿＿＿＿

评价项目	评价要点	配分	得分
平时表现评价	出勤情况、工装穿戴情况	10	
	纪律情况、学习主动性	10	
	6S 执行情况	10	
综合能力评价	是否能够积极查询资料完成思考内容	20	
	是否正确完成计划和学习任务的制定	10	
	计划实施：是否正确完成和执行计划	10	
	调试和检修：是否能够正确调试和检修	20	
情感态度评价	团队合作、互动与创新情况	5	
	实践动手操作的兴趣、态度、积极性	5	
	合计		
简要评述（素质教育）		教师签名	

📁 **小资料**

按 PLC 的输入/输出（I/O）点数分类：

（1）小型机。小型 PLC 输入输出总点数一般在 256 点以下，其功能以开关量控制为主，用户程序存储器容量在 4kB 以下。小型 PLC 的特点是体积小、价格低，适合控制单台设备、开发机电一体化产品。

（2）中型机。中型 PLC 的输入输出总点数一般在 256~2048 点，用户程序存储容量达到 2~8kB。中型 PLC 不仅具有开关量和模拟量的控制功能，还具有更强的数字计算能力，它的通信功能和模拟量处理能力更强大，适用于复杂的逻辑控制系统以及连续生产过程控制场合。

（3）大型机。大型 PLC 的输入输出总点数在 2048 点以上，用户程序存储容量达 8~16kB，具有计算、控制和调节的功能，还具有强大的网络结构和通信联网能力。它的监视系统采用 CRT 显示，能够表示过程的动态流程。大型机适用于设备自动化控制、过程自动化控制和过程监控系统等。

学习活动二　PLC 的外部结构与接线

任务目标

1. 能掌握 S7-200PLC 的外部结构。
2. 能掌握 S7-200PLC 系列结构特点，能够正确安装并接线。
3. 能掌握 PLC 在工程实际中安装与接线的要求。

任务时间

6 课时。

任务策划

一、任务要求

取一台 CPU 224XP CN AC/DC 型的西门子 S7-200PLC，认识其外部结构，并按照电路图在网孔板上连接出电动机启动/停止的控制电路；找准并说出 PLC 的外部结构各部分的名称，阐述其作用；分别用 DIN 导轨安装和螺栓连接安装两种方法进行安装并将相关元器件连接到相应的位置；根据接触器 KM 线圈电压等级为 PLC 输出端电源供电并连接好接地线，用 PC/PPI 编程电缆连接好 PLC 和电脑。

二、任务分析

表1 任务分析及任务计划书

项　目	
任务分析	
任务计划	
成　员	

任务准备

一、S7-200 系列 PLC 的外部结构特征

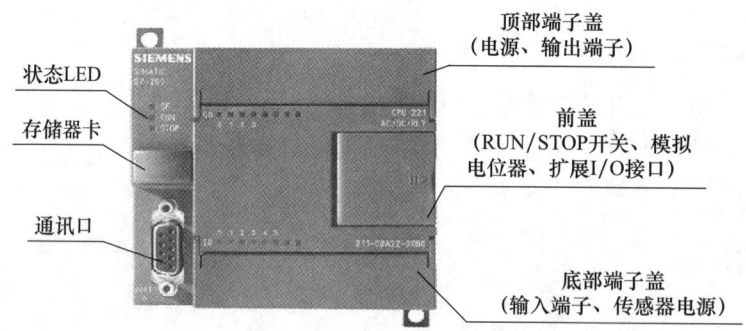

图1 S7-200 系列 PLC 的外部结构特征

二、PLC 的外部接线

PLC 的外线部接线包括 I/O 线、电源线、接地线的连接。

（1）I/O 端子接线。

①按钮、继电器触点、行程开关等无源触点（也称干接点）的元件及两线制传感器等元件的接线，见图2。

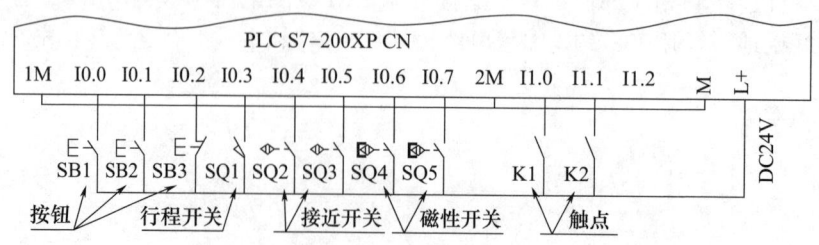

图2 PLC 的外部接线

②对于有源触点的传感器、仪表等的元件接线时要考虑电源"＋""－"极。

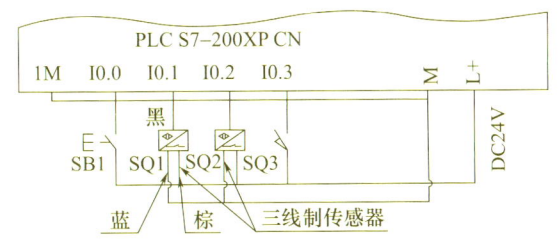

图3　三线制传感器接线

③输入端接线时，可用PLC本身提供的DC24V电源，也可用外部提供的DC24V电源。但由于PLC本身提供的DC24V电源容量有限，若带传感器等耗能元件过多时，应使用外加电源。

④对于输出端接的元件，要使用外部电源的，应根据PLC输出接口电路的类型（继电器、晶体管、晶闸管）选择电源种类。对于继电器输出型的，同时还考虑所带负载元件的电压类型及等级来选择外部电源。严禁用PLC本身提供的DC24V电源作为负载电源。

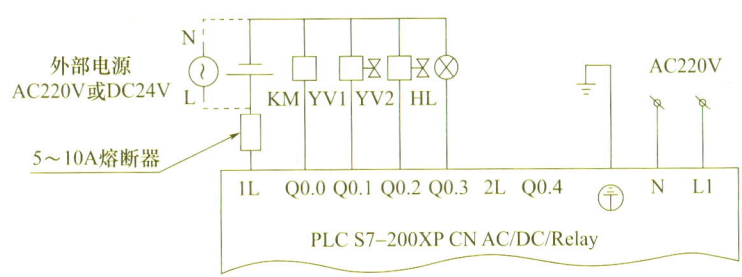

图4　输出端、电源、接地端接线

（2）PLC的电源接线。

对于PLC的工作电源接线，应根据PLC工作电源类型及电压等级选择电源，用导线接入。

（3）接地线的连接。

接地端子导线为直径1.25mm以上黄绿双色线，采用第一种接地（专用接地），不能连接其他设备的接地线，见图5。

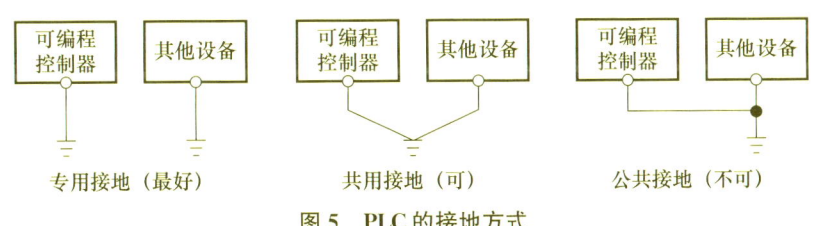

图5　PLC的接地方式

思考回答 1.PLC的外部结构特征有哪些？

思考回答 2. 你觉得 PLC 安装的要求是什么？

_____
_____
_____

🛠 任务执行

一、实施阶段

认识 PLC 外部结构，按照电路图在网孔板上连接出电动机启保停的控制电路。找准并说出 PLC 的外部结构各部分的名称，阐述其作用；分别用 DIN 导轨安装和螺栓连接安装两种方法进行安装，并将相关元器件连接到相应的位置；根据接触器 KM 线圈电压等级为 PLC 输出端电源供电，并连接好接地线，用 PC/PPI 编程电缆连接好 PLC 和电脑。

记录下你的具体工作内容。

_____
_____
_____
_____
_____

二、实施过程

1. 根据实际操作和图示写出具体操作内容，见图 6。

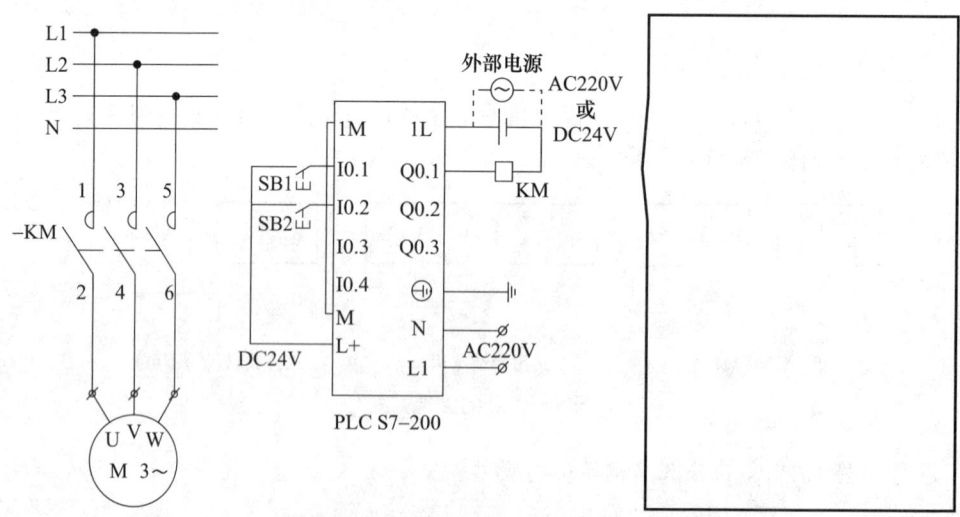

图 6 PLC 控制电动机启保停的控制线路

2. 每日 6S 检查项目。

表 2　每日 6S 检查项目

检查项目	工位号	检查情况	日期	检查人
整理				
整顿				
清扫				
清洁				
素养				
安全				

任务交验

表 3　PLC 的外部结构与接线实训评价表

序号	考核项目	具体要求指标	配分	得分
1	准备工作	PLC 及连接导线、电工工具和材料是否准备齐全	10	
2	PLC 的外部结构认知	准确说出和指出 PLC 外部结构名称和作用	30	
3	PLC 外部导线连接	根据 PLC 外部接线图准确连接导线	30	
4	成功率	未浪费材料,成功率为 100%	10	
5	安全	是否安全操作,无意外发生	10	
6	卫生	操作结束后,工具是否摆放整齐,废料和垃圾是否清理干净	10	
		合计	100	
简要评价(含个人德育、学习、劳动、审美、体育)			学生小组签名	

任务评价

表4 学习活动综合评价表

学习活动_____ 学生姓名_____ 学号_____

评价项目	评 价 要 点	配分	得分
平时表现评价	出勤情况、工装穿戴情况	10	
	纪律情况、学习主动性	10	
	6S执行情况	10	
综合能力评价	是否能够积极查询资料完成思考内容	20	
	是否正确完成计划和学习任务的制定	10	
	计划实施：是否正确完成和执行计划	10	
	调试和检修：是否能够正确调试和检修	20	
情感态度评价	团队合作、互动与创新情况	5	
	实践动手操作的兴趣、态度、积极性	5	
合计		100	

简要评述（素质教育）	教师签名

小资料

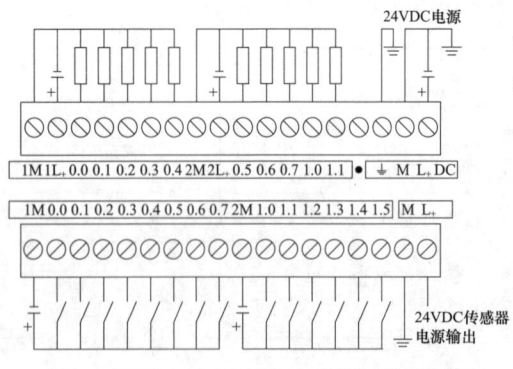

图7 CPU224 DC/DC/DC 的端子连接线图

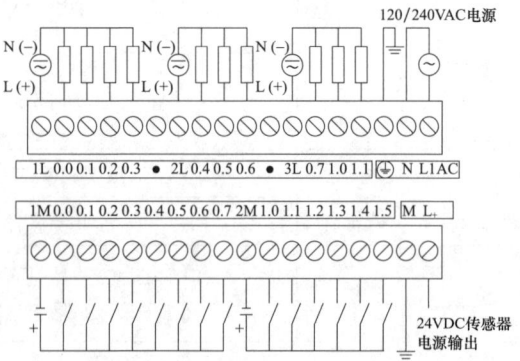

图8 CPU224 AC/DC/继电器的端子连接线图

学习活动三 PLC 编程软件

任务目标

1. 能掌握 S7-200 系列 PLC 编程元件。
2. 认识 PLC 的编程语言,掌握梯形图语言。
3. 熟悉 PLC 的编程软件界面各部分的功能。

任务时间

12 课时。

任务策划

一、任务要求

将西门子 PLC 的 STEP7-Micro/WIN32 编程软件装入电脑,并对软件进行汉化处理,用 PC/PPI 编程电缆连接计算机与 PLC。利用编程软件编写出三相异步电动机正反转控制的 PLC 程序,然后将程序下载到 PLC 中,并进行程序的编辑、调试、运行及监视。

要求:1. 熟悉和掌握 S7-200 系列 PLC 编程元件。2. 掌握 STEP7-Micro/WIN32 编程软件安装与使用方法。3. 掌握梯形图编程语言,能够利用鼠标和键盘两种输入方式编写梯形图。

二、任务分析

表 1 任务分析及任务计划书

项 目	
任务分析	
任务计划	
成 员	

任务策划

一、S7-200 系列 PLC 编程元件

表 2　S7-200 系列 PLC 编程元件简介

1. 输入继电器（I）：输入继电器位于 PLC 存储器的输入映像寄存器区域，其外部有一对物理的输入端子与之对应。其线圈的得电与失电由外部的按钮、位置开关、传感器等输入信号控制，其触点通断供程序执行使用。在每次扫描周期的开始，CPU 对输入点进行采样，并将采样值存于输入映像寄存器中。S7-200 提供的输入映像寄存器地址范围是：I0.0～I15.7，共 128 个。

2. 输出继电器（Q）：输出继电器位于 PLC 存储器的输出映像寄存器区域，其外部有一对物理的输出端子与之对应，其线圈只能使用程序指令驱动，其动合触点和动断触点可供用户编程使用，但每一个输出继电器只有唯一的物理动合触点用来接通负载。在扫描周期的结尾，CPU 将输出映像寄存器的数值复制到物理输出点上，也就是把程序执行的结果传递给负载。S7-200 提供的输出映像寄存器地址范围是：Q0.0～Q15.7，共 128 个。

3. 位存储器（M）：又称为辅助继电器或中间继电器，其作用类似于继电器控制回路里的中间继电器。用于逻辑运算的状态暂存、移位运算或设置控制信息。主要按位来存储信息，也可以按字节、字或双字为单位来存储数据。S7-200 提供的位存储器地址范围是：M0.0～M31.7，共 256 个。

4. 特殊存储器（SM）：又称为特殊继电器。它提供了 CPU 和用户程序之间传递信息的方法，可用于存储系统的状态变量、有关控制参数和信息等。用户可以使用这些位选择和控制 CPU 的一些特殊功能。

5. 定时器（T）：定时器是按照一定时间原则累计时间增量的器件。S7-200 提供三种不同类型的定时器：接通延时定时器（TON）；断开延时定时器（TOF）；保留性接通延时定时器（TONR）。

6. 计数器（C）：计数器是累计输入脉冲个数的一种器件。计数器用于累计其编程元件状态变化脉冲电平由低到高（即脉冲上升沿）的次数。三种不同类型的计数器：向上（增）计数器（CTU）；向下（减）计数器（CTD）；向上/向下（增减）计数器（CTUD）。

7. 顺序控制继电器（S）：又称为状态继电器，它常用在顺序控制中，每一个 S 位表示顺序功能图中的一种状态，和顺序控制指令配合实现顺序控制。S7-200 提供了 256 个顺序控制继电器 S，地址范围为：S0.0～S31.7。

注意：PLC 的编程元件实质上是存储单元，每个存储区域（或者每种元件）用字母命名，表示一类器件，每个区域的存储单元按字节编址，每个字节由 8 位组成，字母加数字表示一个存储单元的地址。S7-200 除了以上介绍的数据存储区域（编程元件）外，还提供了以下一些存储区域：变量存储器（V）；局部存储器（L）；模拟量输入/输出映像寄存器（AI/AQ）；累加器（AC）等。

二、S7-200PLC 的数据存储及寻址方式

1. S7-200PLC 的数据存储器

8 个二进制位（bit）成为一个字节（Byte），一个字节表示一个存储单位，存储器容量是以字节为基本单位的，两个字节为一个字（Word），两个字为一个双字（Dobule Word）。

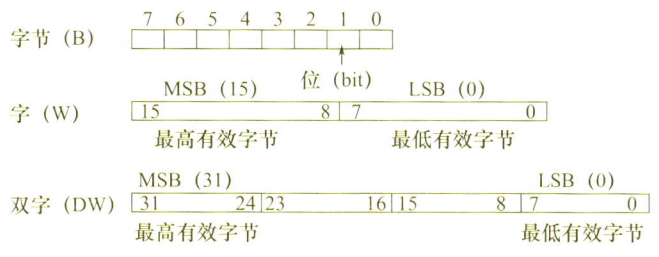

图 1　存储单元示意图

2. S7-200PLC 存储区数据的存取

PLC 的指令和数据是按照一个个存储单元放在相应的存储器里的。一般 8 个二进制位为一个字节，通常一个字节表示一个存储单位。

（1）过程映像输入寄存器 I：在每次扫描周期的开始，CPU 对物理输入点进行采样，并将采样值写入输入过程映像寄存器中，可以按位、字节、字或双字来存取输入过程映像寄存器中的数据。

位：I［字节地址］.［位地址］I0.1；字节、字或双字：I［大小］.［起始字节地址］IB4。

（2）过程映像输出寄存器 Q：在每次扫描周期的结尾，CPU 将输出过程映像寄存器中的数值复制到物理输出点上，可以按位、字节、字或双字来存取输出过程映像寄存器中数据。

位：Q［字节地址］.［位地址］Q1.1；字节、字或双字：Q［大小］.［起始字节地址］QB5。

（3）变量存储区 V：可以用 V 存储器存储程序执行过程中控制逻辑操作的中间结果，也可以用它来保存与工序或任务相关的其他数据，并且可以按位、字节、字或双字来存取 V 存储区中的数据。

位：V［字节地址］.［位地址］V5.1；字节、字或双字：V［大小］.［起始字节地址］VW10。

（4）位存储区 M：可以用位存储区作为控制继电器来存储中间操作状态和控制信息，并且可以按位、字节、字或双字来存取位存储区的数据。

位：M［字节地址］.［位地址］M5.6；字节、字或双字：M［大小］.［起始字节地址］MD20。

3. S7-200PLC 的寻址方式

CPU 存储器的寻址方式有直接寻址和间接寻址两种形式。在此仅简单介绍一下直接寻址方式。直接指出元件名称的寻址方式称作直接寻址。直接寻址又有位寻址、特殊器件寻址和字节寻址。

（1）位寻址格式：位寻址格式为 Ax.y，使用时必须指定元件名称、字节地址和位号。

进行这种位寻址的编程元件有：输入映像寄存器（I）、输出映像寄存器（Q）、位存储器（M）、特殊存储器（SM）、局部变量存储器（L）、变量存储器（V）和顺序控制继电器（S），见图 2。

（2）特殊器件的寻址格式：存储区内有些元件是具有一定功能的器件，编程时不用指出它们的字节地址，而是直接写出其编号。如定时器（T）、计数器（C）、高速计

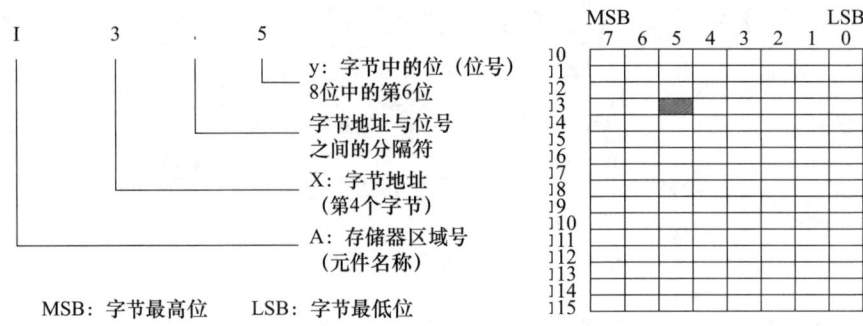

图 2 输入映像寄存器的位寻址格式

数（HC）和累加器（AC）。

（3）字节、字、双字的寻址格式：对字、字和双字数据，直接寻址时需指明元件名称、数据类型和存储区域内的首字节地址，见图 3。

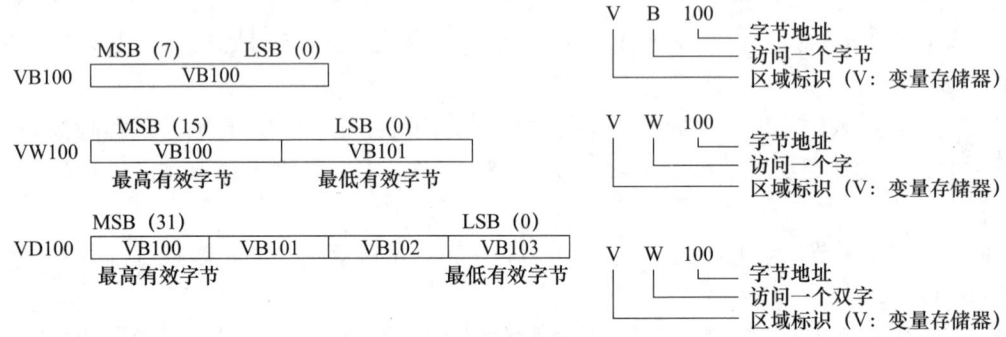

图 3 字节寻址方式

可以进行这种方式寻址的编程元件有：输入映像寄存器（I）、输出映像寄存器（Q）、位存储器（M）、特殊存储器（SM）、局部变量存储器（L）、变量存储器（V）、顺序控制继电器（S）、模拟量输入映像寄存器（AI）和模拟量输出映像寄存器（AQ）。

4. S7-200PLC 的编址方式

软元件的地址编号采用区域标志符加上区域内编号的方式。

（1）位编址的指定方式：（区域标志符）字节号：位号，如：I0.0；Q0.0；I1.2。

（2）字节编址的指定方式：（区域标志符）B（字节号），如：IB0 表示由 I0.0～I0.7 这 8 位组成的字节。

（3）字编址的指定方式：（区域标志符）W（起始字节号），且最高有效字节为起始字节。如：VW0 表示由 VB0 和 VB1 这两个字节组成的字。

（4）双字编址的指定方式：（区域标志符）D（起始字节号），且最高有效字节为起始字节。如：VD0 表示由 VB0、VB1、VB2、VB3 这 4 个字节组成的双字。

三、PLC 的编程语言

国际电工委员会（IEC）制定了关于 PLC 编程语言的国际标准，IEC61131-3 提供了 5 种标准语言。三种是图形语言：梯形图（LD，Ladder Diagram），功能块图（FBD，Function Block Diagram），顺序功能图（SFC，Sequential Function Chart）。两种文本语言：结构化文本（ST，Structured），指令表（IL，Instruction List，也叫语句表）。

在这里主要介绍梯形图。如图 4 所示，在不考虑虚线的情况下，是用梯形图编写出的西门子 S7-200 的一个程序，若加上右边的虚线部分，整个图形看起来像一架"梯子"，故称之为梯形图。

梯形图是最早使用的一种 PLC 的编程语言，也是现在最常用的编程语言。它的最大特点就是直观、清晰、简单易学。

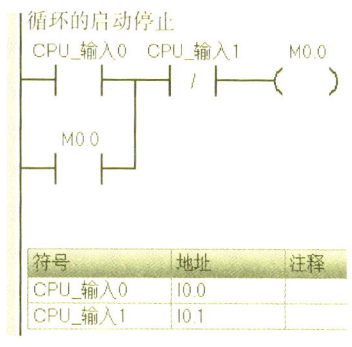

图 4　梯形图

梯形图两边的两条垂直的线称做母线。母线之间是触点的逻辑连接和线圈的输出。我们看梯形图时可以假想左母线为"火线"，右母线为"零线"，当程序执行时就像继电器电路里有电流流过一样。即当触点都接通时，右端的线圈能被激励，线圈对应的常开触点闭合，常闭触点断开，同时，输出继电器线圈 Q 还可以把运算结果通过输出接口输出来，用以驱动指示灯、电磁阀、接触器线圈等外部元件。事实上，梯形图里是没有电流的。有的 PLC 的梯形图有两根母线，但大部分 PLC 现在只保留左边的母线。

四、PLC 的编程软件

1. STEP7-Micro/WIN32 编程软件简介

由西门子公司专门为 S7-200 系列可编程序控制器设计开发的应用软件。它功能强大，主要为用户开发控制程序使用，同时可以实时监控用户程序的执行状态。该软件加上了汉化程序，可以在全中文的界面下进行操作，使用方便、实用，是西门子 S7-200 用户不可缺少的开发工具。

2. STEP7-Micro/WIN32 编程软件的主要功能

用来帮助使用者开发 PLC 程序，具有设置 PLC 的参数、工作方式和运行监控、程序的管理和加密等功能。此外，还可以在离线方式下实现程序的输入、编辑、修改等功能，在联机方式下可实现程序的上载、下载、程序状态的监控等直接针对 PLC 的操作。

（1）建立一个程序文件：打开 STEP7-Micro/WIN32 编程软件，单击工具栏中的新建项目按钮，建立一个新的程序文件。

（2）双击指令条中 CPU ST40，根据实际应用情况，在出现的对话框中选择 PLC 的型号及版本号。如果通信正常，可以直接单击"读取 PLC"直接读取 PLC 信息。

（3）建立符号表：单击浏览条中的符号表图标，在符号表窗口输入相关信息。

（4）编辑程序，在程序编辑器窗口中输入编程元件（即编辑程序），输入方法有三种：

方法一：用指令树窗口中的"指令"输入，指令树窗口中的"指令"所列的一系列指令按类别分别编排在不同子目录中，找到要输入的指令并双击。

方法二：用工具条上的编程按钮输入，用指令工具条上的一组编程按钮，单击触点、线圈和指令盒按钮，从弹出的窗口下拉菜单所列出的指令中选择要输入的指令单击即可。

方法三：用键盘输入，相比前两种编程方法，用键盘输入更加快捷。要记住"F4"键代表"触点"，"F6"键代表"线圈"，"F9"键代表"指令盒"。需要输入触点、线圈或指令盒时，只需点击相应的键，会出现相应的下拉菜单，然后用"↓"键移到需要的元件符号,点击"Enter"键。

(5) 程序的编译:用户程序编辑完后,用"PLC"菜单中的"编译"命令或点击工具条"编译"按钮对程序进行编译,经编译后在显示器下方的输出窗口显示编译结果,并能明确指出错误的网络段,可以根据错误提示对程序进行修改,然后再次编译,直至编译无误。

(6) 程序的下载:如果编译无误,便可单击下载按钮,也可点击"文件"菜单中的"下载",弹出下载对话框,选定程序块、数据块、系统块等下载内容后,按确定按钮,把用户程序下载到 PLC 中。程序下载之前,应先点击停止按钮将 CPU 置于"STOP"状态。

(7) 程序的运行:当 PLC 工作方式开关在"TERM"或"RUN"位置时,操作 STEP7-Micro/WIN32 的菜单命令或快捷按钮都可以对 CPU 工作方式进行软件设置。当程序下载到 PLC 后,点击工具条中的"运行"按钮或者点击"PLC"菜单中的"运行"命令即可使程序运行。

(8) 程序的监视:无论使用梯形图、语句表还是功能图编程,都可在 PLC 运行时监视程序的执行对各元件的执行结果,并可监视操作数的数值。我们通常用梯形图编写程序,所以在此只介绍梯形图的监视。

点击"调试"菜单中的"程序状态"或者点击工具条中的"程序状态"按钮即可进入程序的监视,被点亮(呈阴影状态)的元件表示处于接通状态,梯形图中显示所有操作数的值,所有这些操作数状态都是 PLC 在扫描周期完成时的结果。在 PLC 的运行工作状态,随输入条件的改变、定时及计数过程的运行,每个扫描周期的输出处理阶段将各个元件的状态刷新,可以动态显示各个定时、计数器的当前值,并用阴影表示触点和线圈通电状态,以便在线动态观察程序的运行。如果运行时发现程序有误,点击工具条中运行按钮旁边的停止钮,然后修改程序,程序修改好后再经过编译和下载,再次运行,反复修改调试,直到得出正确的运行结果。

3. STEP7-Micro/WIN32 的窗口组件及各部分功能

双击快捷图标,打开编程软件,其主界面一般由菜单条、工具条、指令树、输出窗口等几部分组成(如图 5)。

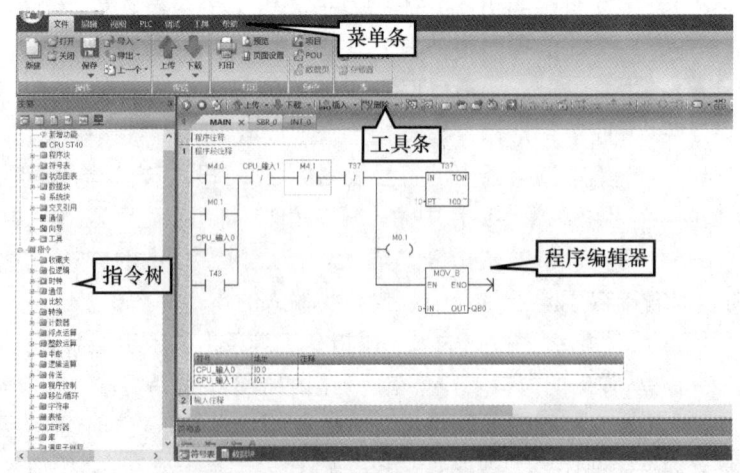

图 5 窗口组件及各部分功能

(1) 菜单条

A: 文件菜单显示一个功能区，其中"操作"(Operations)、"传输"(Transfer)、"打印"(Print)、"保护"(Protection)以及"库"(Libraries)等部分各将多种文件命令合为一组。用于创建新项目，打开现有/以前的项目，关闭/保存当前项目。从文本中导入数据块或POU，将数据块或POU导入文本。将所有项目组件上传/下载到CPU。

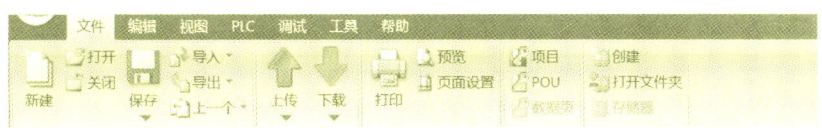

图6　文件菜单

B: 编辑菜单具有一个功能区，其中包含"剪贴板"(Clipboard)、"插入"(Insert)、"删除"(Delete)和"搜索"(Search)等部分，这些部分对多种编辑命令进行了分组，用于编辑项目或程序。

图7　编辑菜单

C: 视图菜单具有一个功能区，其中包含"编辑器"(Editor)、"窗口"(Windows)、"符号"(Symbols)、"注释"(Comments)、"书签"(Bookmarks)和"属性"(Properties)等部分，这些部分对用于管理STEP 7Micro/WIN SMART中查看内容的命令进行了分组。其中的STL是选择语句表程序编辑器，FBD是函数块图程序编辑器。

图8　视图菜单

D: PLC菜单具有一个功能区，其中包含"操作"(Operations)、"传送"(Transfer)、"存储卡"(Memory Cartridge)、"信息"(Information)和"修改"(Modify)等部分，这些部分对多种PLC命令进行了分组，可建立与PLC联机时的相关操作，如改变PLC的工作方式（运行/停止）、编译、查看PLC的信息、清除程序和数据、存储卡的操作、程序比较、PLC类型选择等。

图9　PLC菜单

E: 调试菜单具有一个功能区，其中包含"读取/写入"(Read/Write)、"状态"(Status)、"强制"(Force)、"扫描"(Scan)和"设置"(Settings)等部分，这些部分对多种用于调试程序的命令进行了分组，主要用于联机调试。

图 10　调试菜单

F：工具菜单具有一个功能区，其中包含"向导"（Wizards）、"工具"（Tools）和"设置"（Settings）等部分。可以调用复杂指令向导，使复杂指令编程时工作大大简化；文本显示向导等；"选项"子菜单还可以设置程序编辑器、数据块、指令树等一些属性，也可以设置本编程软件的一些常规属性。

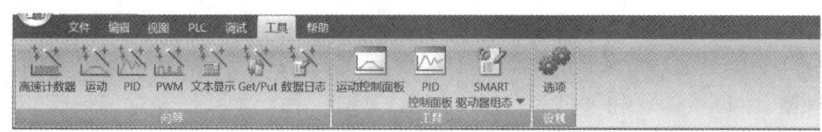

图 11　工具菜单

G：帮助菜单。可通过目录和索引提供几乎所有的相关的使用帮助信息，还提供网上查阅 S7-200 相关信息的功能。

图 12　帮助菜单

（2）工具条

工具条与其他应用软件一样提供简便快捷的鼠标操作，它将常用的 STEP7-Micro/WIN32 操作以按钮的形式设定到工具条。可以用"检视（View）"菜单中的"工具栏"选项来显示或隐藏标准、调试、公用、指令四种工具条。

图 13　工具条

表 3　工具条简介

	将 CPU 置于 RUN 模式		将 CPU 置于 STOP 模式
	翻译项目的所有组件		从 CPU 上传所有项目组件
	将所有项目组件下载到 CPU		持续监视程序状态
	针对当前所选对象的插入和删除功能		设置 POU 保护和常规属性

续表

指令工具条	强制功能
书签和导航功能：放置书签、转到下一书签、转到上一书签、移除所有书签和转到特定程序段、行或线	地址和注释显示功能：显示符号、显示绝对地址、显示符号和绝对地址、切换符号信息表显示、显示POU注释以及显示程序段注释

4. PLC 程序的其他相关操作

（1）插入和删除：编程中经常需要插入或删除一行、一列、一个网格、一个子程序或中断程序等，实现的方法有四种：

① 在编程区右击要进行操作的位置，弹出下拉菜单，选择"插入"或"删除"选项，在弹出的子菜单中单击要插入或删除的项，然后进行编辑。

② 在"编辑"菜单中的命令进行上述操作。

③ 用键盘操作，"F3"为增加网络，"Shift+F3"为删除网络。

④ 对于插入或删除网络块，还可应用前面所述的公用工具栏中的 按钮。对元件的剪切、复制和粘贴等操作方法也与此类似。

（2）编程语言的转换：STEP7-Micro/WIN32软件可实现三种编程语言之间的相互转换。

选择"检视"菜单，然后单击 STL、LAD 或 FBD 即可进入相应的编程环境。使用最多的是 STL 和 LAD 之间的互相切换，STL 的编程可以按或不按网络块的结构顺序编程，但 STL 只有在严格按网络块编程的格式下编程才能转换成 LAD，不然无法实现转换，编译好的 LAD 也可换成 STL。

（3）要打开 STEP7Micro/WIN SMART 中的符号表，可使用以下方法之一：

① 单击导航栏中的"符号表" 按钮。

② 在"视图"（View）菜单的"窗口"区域中，从"组件"下拉列表中选择"符号表"。

③ 在项目树中打开"符号表"文件夹，选择一个表名称，然后按下"Enter"或者双击表名称。

思考回答：你觉得实训中需要用到哪些编程元件？

任务执行

一、实施阶段

利用编程软件编写三相异步电动机正反转控制的 PLC 程序，然后将程序下载到 PLC 中，并进行程序的编辑、调试、运行及监视。

记录下你的具体工作内容是什么？

二、实施过程

1. 根据实际操作和图示写出具体操作内容

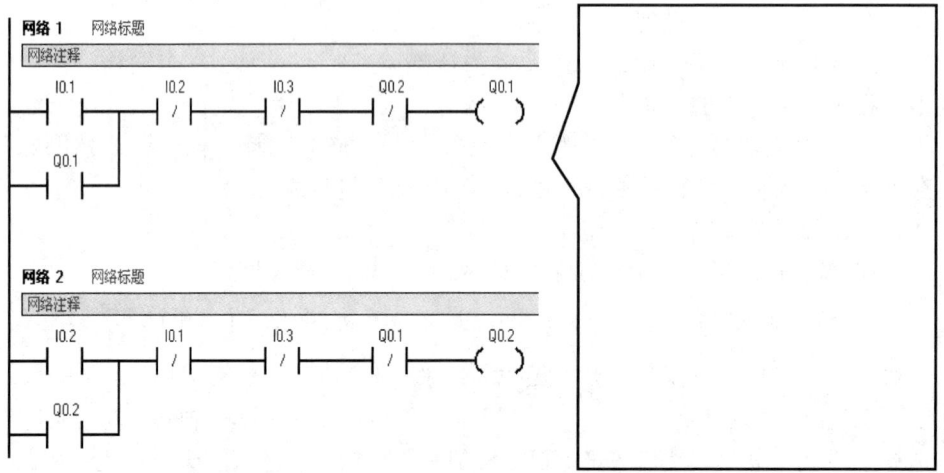

图 14　具体操作内容

表 4　输入/输出分配表

输入部分		输出部分	
输入元件	PLC 编程元件/作用	输出元件	PLC 编程元件/作用
SB1		KM1	
SB2		KM2	
SB3			

2. 每日 6S 检查项目

表 5　每日 6S 检查项目

检查项目	工位号	检查情况	日期	检查人
整理				
整顿				
清扫				
清洁				
素养				
安全				

任务交验

表6　PLC 编程软件实训评价表

序号	考核项目	具体要求指标	配分	得分
1	准备工作	PLC 编程软件和材料是否准备齐全	10	
2	编程软件的使用	准确使用 PLC 编程软件编写要求程序	40	
3	成功率	程序是否按要求调试、运行	30	
4	安全	是否安全操作，无意外发生	10	
5	卫生	操作结束后，工具是否摆放整齐，废料和垃圾是否清理干净	10	
		合计	100	
简要评价（含个人德育、学习、劳动、审美、体育）			学生小组签名	

任务评价

表7　学习活动综合评价表

学习活动_____　　学生姓名_____　　学号_____

评价项目	评 价 要 点	配分	得分
平时表现评价	出勤情况、工装穿戴情况	10	
	纪律情况、学习主动性	10	
	6S 执行情况	10	
综合能力评价	是否能够积极查询资料完成思考内容	20	
	是否正确完成计划和学习任务的制定	10	
	计划实施：是否正确完成和执行计划	10	
	调试和检修：是否能够正确调试和检修	20	
情感态度评价	团队合作、互动与创新情况	5	
	实践动手操作的兴趣、态度、积极性	5	
	合计	100	
简要评述（素质教育）		教师签名	

小知识

邓稼先（1924年6月25日—1986年7月29日），九三学社社员，中国科学院院士，著名核物理学家，中国核武器研制工作的开拓者和奠基者，为中国核武器、原子武器的研发做出了重要贡献，被称为"两弹元勋"。邓稼先1924年6月25日出生。1935年考入志成中学，于1941年考入西南联合大学物理系。1948年至1950年，他在美国普渡大学留学，获得物理学博士学位，毕业当年毅然回国。1951年加入九三学社。1956年加入中国共产党。1980年当选为中国科学院学部委员（院士）。1982年获国家自然科学奖一等奖。1985年获两项国家科技进步奖特等奖。1986年获全国劳动模范称号。1987年和1989年各获一项国家科技进步奖特等奖。1999年被追授"两弹一星功勋奖章"。2009年9月10日入选100位新中国成立以来感动中国人物名单。2019年12月18日，入选"中国海归70年70人"榜单。邓稼先是中国核武器研制与发展的主要组织者、领导者，他始终在中国武器制造的第一线，领导了许多学者和技术人员，成功地设计了中国原子弹和氢弹，把中国国防自卫武器引领到世界先进水平。

学习活动四　工作总结与评价

任务目标

1. 能掌握PLC的结构组成和工作原理。
2. 能掌握PLC的外部结构与接线。
3. 能掌握PLC编程软件的使用。

任务时间

2课时。

任务汇报

一、训练汇报

以小组为单位，选择成员进行编程软件操作过程演示，并简要说明操作过程中的经验和体会。汇报的内容应包括：1.学到了什么？2.是否存在问题？若有问题，是什么问题？是什么原因导致的？下次该如何避免？

表1　训练汇报内容

汇报人	汇报内容	值得学习的地方	还需改进的地方

续表

汇报人	汇报内容	值得学习的地方	还需改进的地方

二、任务综合评价

表2　学习任务三　PLC初探综合评价表

被评价人			评价时间			
评价项目	评价内容	评价标准	评价方式			
			自我评价	小组评价	教师评价	
劳动素养	安全意识 责任意识	A 工作作风严谨、自觉遵章守纪、出色地完成各项工作任务 B 能够遵守规章制度、较好地完成工作任务 C 遵守规章制度、没完成工作任务，或虽完成工作任务但未严格遵守规章制度 D 不遵守规章制度、没完成工作任务				
职业素养	学习态度	A 积极参与教学活动，全勤 B 缺勤达本任务总学时的10% C 缺勤达本任务总学时的20% D 缺勤达本任务总学时的30%				
	团队合作意识	A 与同学协作融洽、团队合作意识强 B 与同学能沟通、协同工作能力较强 C 与同学能沟通、协同工作能力一般 D 与同学沟通困难、协同工作能力较差				
专业能力	学习活动1 PLC的结构组成与工作原理	A 按时、完整地完成工作页，问题回答正确，数据记录准确完整 B 按时、完整地完成工作页，问题回答基本正确，数据记录基本准确 C 未能按时完成工作页，或内容遗漏、错误较多 D 未完成工作页				
	学习活动2 PLC的外部结构与接线	A 学习活动评价成绩为90～100分 B 学习活动评价成绩为75～89分 C 学习活动评价成绩为60～74分 D 学习活动评价成绩为0～59分				
	学习活动3 PLC编程软件	A 学习活动评价成绩为90～100分 B 学习活动评价成绩为75～89分 C 学习活动评价成绩为60～74分 D 学习活动评价成绩为0～59分				
评价人签字						
创新能力	学习过程中提出具有创新性、可行性的建议		加分奖励：			
指导教师			日期			

学习任务四　PLC 基本指令应用

任务目标

1. 能掌握电动机电路的 PLC 控制。
2. 能掌握自动往返送料小车的 PLC 控制。
3. 能掌握彩灯循环闪烁的 PLC 控制。

任务时间

72 课时。

任务工作情境

PLC 对电气设备的控制与接触器继电器控制相比较，具有简单易懂、操作方便、可靠性高、使用灵活、体积小、使用寿命长等优点，在制造、汽车、轻工、交通运输等行业推广应用。如今，随着计算机技术、工业控制技术的进步，PLC 已广泛应用于工业生产过程的自动控制。党的二十大提出"发展素质教育"。对于在厂中校实习的同学们来说，将课堂学到的知识直接拿到实际生产线"学以致用"，让理论和实践充分结合，提高自己的素质，让"发展素质教育"在自己身上得到充分体现是十分必要的。本任务以电动机电路、自动往返送料小车、循环彩灯的 PLC 控制为例，讲解 PLC 基本指令。

任务工作流程与活动

1. 电动机电路的 PLC 控制。
2. 自动往返送料小车的 PLC 控制。
3. 彩灯循环闪烁的 PLC 控制。
4. 工作总结与评价。

学习活动一　电动机电路的 PLC 控制

任务目标

1. 能掌握 S7-200 系列 PLC 的输入、输出及中间继电器的含义。
2. 能理解和掌握 LD/LDN、OUT、A/AN、O/ON 等基本指令的功能和编程格式。

3. 能掌握 PLC 梯形图的编制规则。

4. 能掌握基本电动机电路的 PLC 控制及运行。

任务时间

48 课时。

任务策划

一、任务要求

用 PLC 来控制电动机电路可以使控制简化、运行灵活。本任务通过对基本的点动/连续控制线路；双重联锁控制线；顺序启动、逆序停止控制线路的 PLC 改造，让学生掌握电动机电路的 PLC 控制要求，以便于在今后的工作中根据需求对线路进行 PLC 改造。

二、任务分析

表 1 任务分析及任务计划书

项 目	
任务分析	
任务计划	
成 员	

任务准备

一、S7-200 系列 PLC 部分元器件

表 2 S7-200 系列 PLC 部分元器件

输入继电器（I）：输入继电器每一位对应一个输入接点，用来接收外部的输入信号，如按钮、行程开关、传感器等提供的信号，通过输入端子把这些信号传送到 PLC。	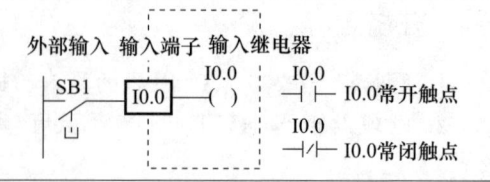

输出继电器（Q）：输出继电器是将输出信号传送到负载的接口。输出继电器的线圈只能用内部程序驱动，不能由外部信号直接驱动。输出继电器线圈得电时，其常开触点闭合，常闭触点断开。输出继电器通过输出端子连接外部负载，如接触器、电磁阀、指示灯等，通过程序控制启动和关闭外部负载。

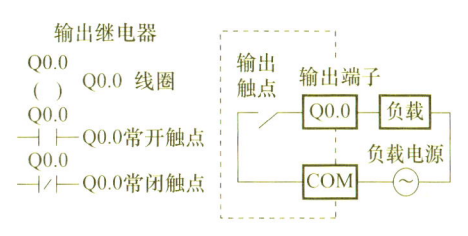

辅助继电器（M）：辅助继电器也叫中间继电器，用于存储中间操作数或其他控制信息，编址范围是 M0.0～M31.7，共 256 个。辅助继电器只能由程序驱动，不能直接驱动外部负载。直接驱动外部负载时用输出继电器。

二、PLC 的基本位操作指令及其应用

表 3　PLC 的基本位操作指令及其应用

逻辑操作开始指令 LD/LDN：LD/LDN 是逻辑操作开始指令，也称逻辑取指令，每一个逻辑行开始都要使用 LD 或 LDN 指令。LD（LOAD）：取指令，用于网络块逻辑运算开始的常开触点与左母线连接。LDN（LOAD NOT）：取反指令，用于网络块逻辑运算开始的常闭触点与左母线连接。

线圈输出指令 =（OUT）：=（OUT）是线圈输出指令，输出逻辑运算结果，驱动除输入继电器外的所有继电器线圈。梯形图中不允许出现输入继电器的线圈。	梯形图 I0.0　　Q0.0 ⊢⊣／⊢—（ ） I0.1　　M0.1 ⊢⊣／⊢—（ ）	语句表 LDN　I0.1 =　　M0.1 LD　I0.1 =　　Q0.1	时序图 I0.0 Q0.0 I0.1 M0.0
逻辑"与"指令 A/AN：A/AN 是触点的串联连接指令。A（AND）：逻辑"与"指令，表示与前面触点串联的是单个的动合触点。AN（AND NOT）：逻辑"与非"指令，表示与前面触点串联的是单个的动断触点。	梯形图 I0.0　I0.2　Q0.1 ⊢⊣⊢⊣⊢—（ ） I0.3　I0.4　Q0.2 ⊢⊣⊢／⊢—（ ）	语句表 LD　I0.0 A　　I0.2 =　　Q0.1 LD　I0.3 AN　I0.4 =　　Q0.2	时序图 I0.0 I0.2 Q0.1 I0.3 I0.4 Q0.2
逻辑"或"指令 O/ON：O/ON 是触点的并联连接指令。O（OR）：逻辑"或"指令，表示与前面触点并联的是单个的动合触点。ON（OR NOT）：逻辑"或非"指令，表示与前面触点并联的是单个的动断触点。	梯形图 I0.1　Q0.1 ⊢⊣⊢—（ ） I0.2 ⊢⊣⊢ I0.3　Q0.2 ⊢⊣⊢—（ ） I0.4 ⊢／⊢	语句表 LD　I0.1 O　　I0.2 =　　Q0.1 LD　I0.3 ON　I0.4 =　　Q0.2	时序图 I0.1 I0.2 Q0.1 I0.3 I0.4 Q0.2

例1：触点指令

表4　触点指令

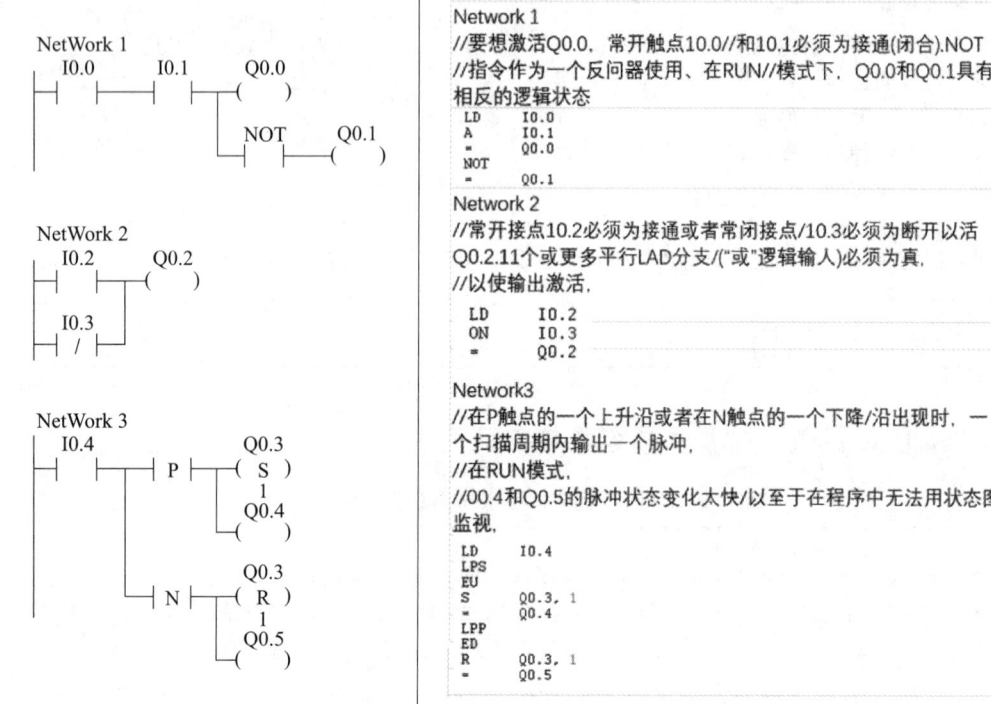

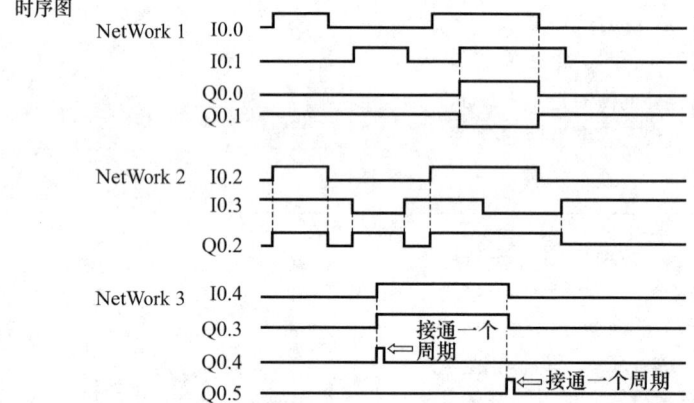

三、PLC梯形图编制规则

表5　PLC梯形图编制规则

梯形图的特点：（1）梯形图按从上到下、从左到右的顺序排列。每个继电器线圈为一逻辑行。（2）梯形图中的继电器不是物理继电器。每个继电器均为内存中的一位，称为"软继电器"。（3）梯形图两端的母线并非实际电源的两端，通过为"概念电流"。（4）梯形图中继电器线圈只能出现一次，而触点可无限次引用。（5）梯形图中，前面的逻辑行的执行结果，将立即被后面的逻辑操作所利用。（6）输入继电器只有触点，没有线圈，其他继电器既有线圈又有触点。（7）PLC总是按梯形图排列的先后顺序逐一处理，不存在不同逻辑行同时执行的情况。

续表

梯形图编程规则：（1）梯形图的每一行都是从左边母线开始，然后是各种触点的逻辑连接，最后以线圈或指令盒结束。触点不能放在线圈的右边（如图a）。	图 a
（2）线圈和指令盒一般不能直接连接在左边的母线上，如需要的话可通过特殊的中间继电器 SM0.0（常为 ON 的特殊中间继电器）完成（如图b）。	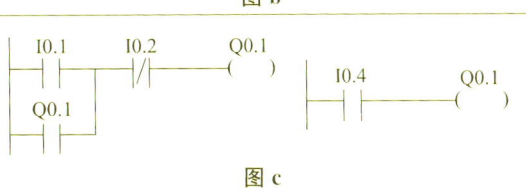 图 b
（3）在同一程序中，同一编号的线圈使用两次及两次以上做双线圈输出。双线圈输出非常容易引起误动作，所以应避免使用。S7-200 的 PLC 中不允许双线圈输出（如图c）。	图 c
（4）每一逻辑行中，串联触点多的支路应放在上方，并联触点多的支路应放在左方（如图d）。	图 d

（5）如果一行的触点数太多，可以采取中间过渡的措施，使用中间继电器把过长的一行梯形图程序分为两行或三行。

（6）当多个逻辑行具有相同条件时，常合并起来。

（7）输入继电器的触点状态，全部按相应的输入设备为动合触点进行设计更为合理。

思考回答 1. 你觉得实训中需要用到哪些 PLC 元器件和操作指令？

思考回答 2. 如何使用万用表测量电路是否通断？

任务执行

一、实施阶段

练习点动/连续控制线路；双重联锁控制线路；顺序启动、逆序停止控制线路的 PLC 改造以及外部线路的连接。使用万用表测量相关电器和线路。

记录下你的具体工作内容是什么？

二、实施过程

1. 图 1 为点动和连续控制线路，根据实际操作和图示写出具体操作内容。

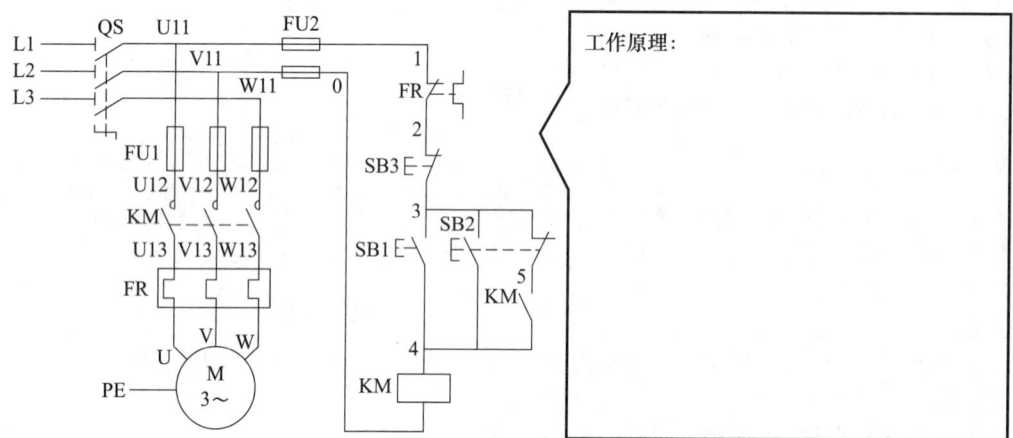

图 1　点动和连续控制线路

检测过程：

表 6　元器件明细表

代号	名称	型号	规格	数量
M	三相异步电机	Y-802-2	1.1kW、380V、2.41A、Y接、1440r/min	1
QS	电源开关	HZ10-15/3	三相、额定电流 15A	1
FU1	熔断器	RL1-15/5	500V、15A、配 5A 熔体	3
FU2	熔断器	RL1-15/2	500V、15A、配 2A 熔体	2
KM	交流接触器	CJ10-10	10A、线圈电压 380V	1
FR	热继电器	JR16-20/3	20A、整定电流 2.41A	1
SB	按钮	LA4-3H	保护式、按钮数 3 挡	1
XT	端子排	JX-1015	10A、15 节、500V	1

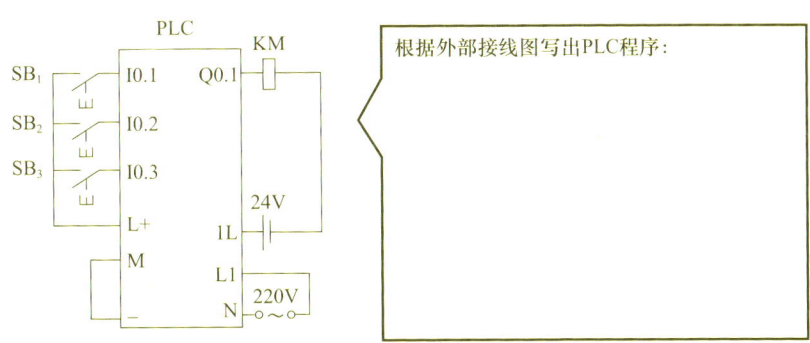

图 2 PLC 控制：外部接线图　　图 3 梯形图程序

根据控制要求，选择合适的低压电器，并填写表 7、表 8。

表 7 低压电器选择

代号	名称	型号	规格	数量
KM				
SB				
FU				
QF				
M				
PLC				

表 8 输入/输出分配表

输入部分		输出部分	
输入元件	PLC 编程元件/作用	输出元件	PLC 编程元件/作用
SB_1		KM	
SB_2			
SB_3			

2. 图 4 为双重联锁控制线路。根据实际操作和图示写出具体操作内容。

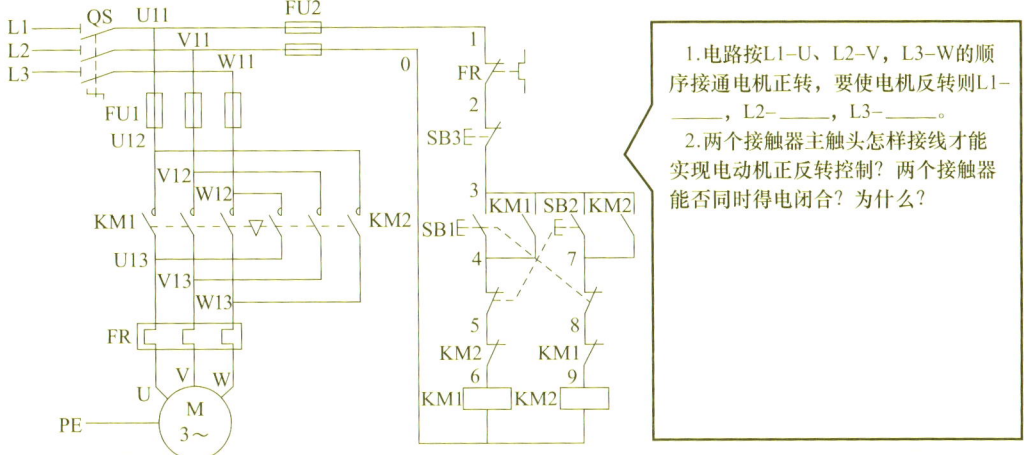

图 4 双重联锁控制线路

79

检测过程：

表 9 元器件明细表

代号	名称	型号	规格	数量
M		Y-802-2		
QS		HZ10-15/3		
FU		RL1-15/5/2		
KM		CJ10-10		
FR		JR16-20/3		
SB		LA4-3H		

图 5　PLC 控制：外部接线图

图 6　梯形图程序

根据控制要求，选择合适的低压电器，并填写表 10、表 11。

表 10 低压电器选择

代号	名称	型号	规格	数量
KM				
SB				
FU				
QF				
M				

表 11 输入/输出分配表

输入部分		输出部分	
输入元件	PLC 编程元件/作用	输出元件	PLC 编程元件/作用
SB1		KM1	
SB2		KM2	
SB3			

3. 图 7 为顺序启动、逆序停止控制线路。根据实际操作和图示写出具体操作内容。

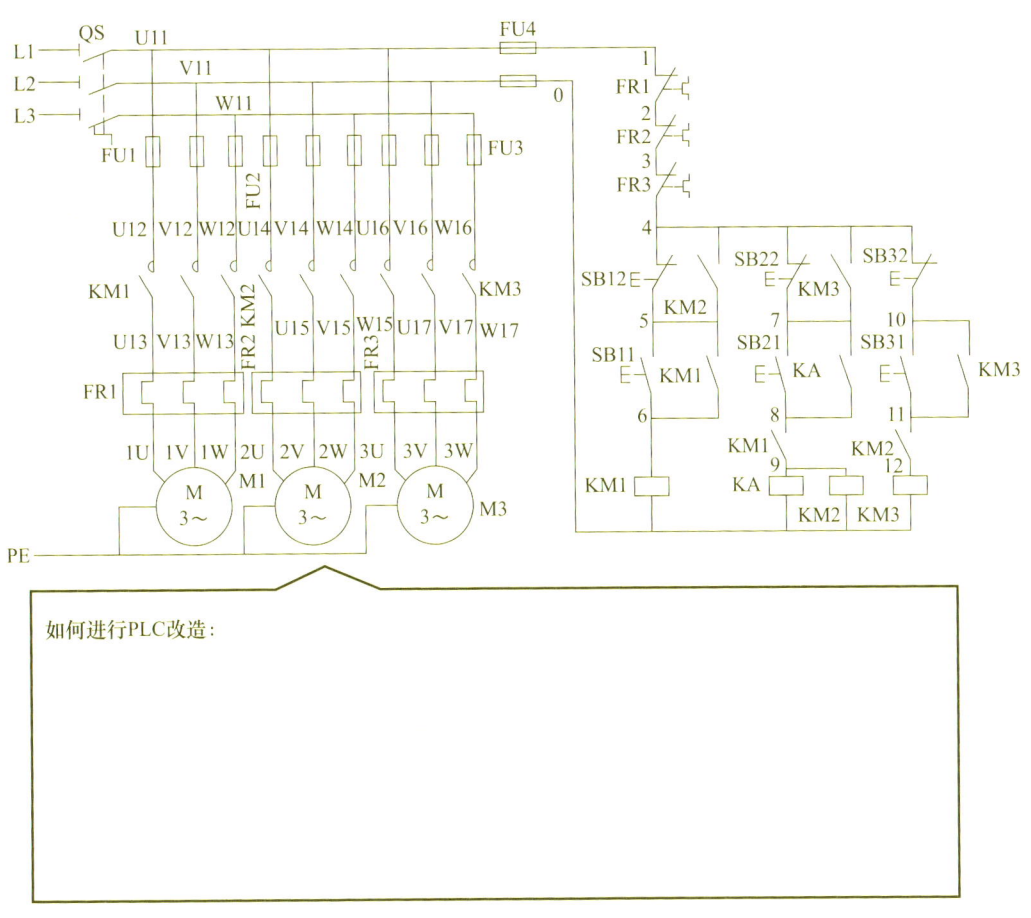

如何进行PLC改造：

图 7　顺序启动、逆序停止控制线路

工作原理：

检测过程：

图 8　PLC 控制：外部接线图　　　图 9　梯形图程序

根据控制要求，选择合适的低压电器，并填写表12、表13。

表12 低压电器选择

代号	名称	型号	规格	数量
KM				
SB				
FU				
QF				
FR				

表13 输入/输出分配表

输入部分		输出部分	
输入元件	PLC编程元件/作用	输出元件	PLC编程元件/作用
按钮SB11		接触器KM1	
按钮SB21		接触器KM2	
按钮SB31		接触器KM3	
按钮SB12			
按钮SB22			
按钮SB32			

4. 每日6S检查项目。

表14 每日6S检查项目

检查项目	工位号	检查情况	日期	检查人
整理				
整顿				
清扫				
清洁				
素养				
安全				

任务交验

表15 电动机电路的PLC控制实训评价表

序号	考核项目	具体要求指标	配分	得分
1	准备工作	PLC编程软件和材料是否准备齐全	10	
2	电动机电路的PLC控制	准确使用PLC编程软件编写要求程序，连接外部导线，通电运行	60	
3	成功率	程序是否按要求调试、运行	10	
4	安全	是否安全操作，无意外发生	10	
5	卫生	操作结束后，工具是否摆放整齐，废料和垃圾是否清理干净	10	
		合计	100	
简要评价（含个人德育、学习、劳动、审美、体育）			学生小组签名	

任务评价

表 16　学习活动综合评价表

学习活动＿＿＿＿＿＿＿＿　学生姓名＿＿＿＿＿＿＿＿　学号＿＿＿＿＿＿＿

评价项目	评 价 要 点	配分	得分
平时表现评价	出勤情况、工装穿戴情况	10	
	纪律情况、学习主动性	10	
	6S 执行情况	10	
综合能力评价	是否能够积极查询资料完成思考内容	20	
	是否正确完成计划和学习任务的制定	10	
	计划实施：是否正确完成和执行计划	10	
	调试和检修：是否能够正确调试和检修	20	
情感态度评价	团队合作、互动与创新情况	5	
	实践动手操作的兴趣、态度、积极性	5	
合计		100	
简要评述（素质教育）		教师签名	

学习活动二　自动往返送料小车的 PLC 控制

任务目标

1. 能理解定时器的意义。
2. 能掌握定时器、置位、复位等指令的功能并熟悉其编程格式原理。
3. 能掌握用定时器、置位、复位等指令编程的方法，进一步熟悉基本指令的使用。

任务时间

10 课时。

任务策划

一、任务要求

设计用 PLC 控制送料小车自动往返循环的电气控制线路。要求：（1）小车从原位自右向左运动，到达终点后装料，经过 6 分钟后返回；（2）返回原位后卸料，经过 3

分钟后又开始向左运动，进行下一循环。编制 PLC 控制的程序，并安装、接线、调试及运行。

二、任务分析

表1　任务分析及任务计划书

项　目	
任务分析	
任务计划	
成　员	

任务准备

一、定时器元件

1. 定时器的作用

PLC 的定时器（T）用于延时控制，类似继电器接触器控制系统中的时间继电器。

S7-200PLC 定时器为增量型定时器，用于实现时间控制，定时器可以按功能和时间基准进行分类，时间基准又称为定时精度或分辨率。

2. 定时器的分类

按照功能分类，定时器可分为接通延时定时器（TON）、有记忆的接通延时定时器（又称保持型）（TONR）和断开延时定时器（TOF）。按照时间基准，定时器可以分为1ms、10ms、100ms 三种类型。不同的时间基准，定时精度、定时范围和刷新方式不同。

表2　定时器的类型

工作方式	分辨率（ms）	最大定时值（s）	定时器号
TONR	1	32.767	T0，T64
TONR	10	327.67	T1~T4，T65~T68
TONR	100	3276.7	T5~T31，T69~T95
TON/TOF	1	32.767	T32，T96
TON/TOF	10	327.67	T33~T36，T97~T100
TON/TOF	100	3276.7	T37~T63，T101~T255

温馨提示：由于 TON 和 TOF 不能重复使用，不能把一个定时器同时用作 TON 和 TOF。定时器的时间设定值是以单位时间数来表示的。如果选用定时器 T34，时间设定值为50，则设定时间为 50×10ms=500ms=0.5s。

二、定时器指令格式及使用

表3　定时器指示格式及使用

定时器类型	通电延时型	有记忆的通电延时型	断电延时型
梯形图 (LAD)	Txxx IN　TON PT	Txxx IN　TONR PT	Txxx IN　TOF PT
语句表 (STL)	TON	TONR	TOF

注：表中编程范围为T0~T255；IN为使能输入端；PT是设定值输入端，最大设定值为32767。

1. 通电延时型定时器（TON）

当使能端输入接通时，定时器开始计时，当前值从0开始递增，当前值大于或等于设定值时，该定时器被置位（输出状态位置1）。当达到设定值后，定时器继续计时，一直计到最大值32767。当使能端输入断开时，定时器复位（当前值清零，输出状态位置0）。

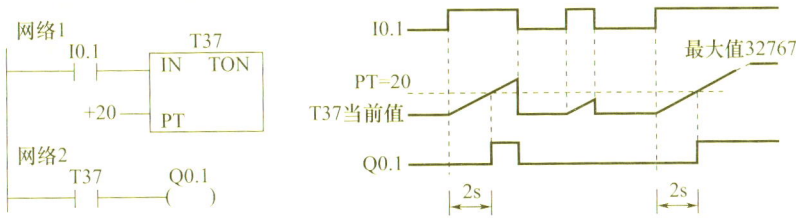

图1　通电延时型定时器（TON）

当I0.1接通时，定时器T37线圈得电开始计时，经过2s后，设定时间到，T37动合触点闭合，Q0.1线圈得电；当I0.1断开时，T37线圈断电清零，T37动合触点立即断开，Q0.1线圈断电。

2. 有记忆的通电延时型定时器（TONR）

当使能端输入接通时，定时器开始计时，当前值递增，当前值大于或等设定值时被置位。当达到设定值后，定时器继续计时，一直计到最大值32767。

有记忆的通电延时定时器当使能端断开时，当前值保持不变，使能端再次接通时，在原记忆值的基础上递增计时。这种类型的定时器采用线圈的复位指令进行复位操作，当复位线圈有效时，定时器当前值清零，输出状态位置0。

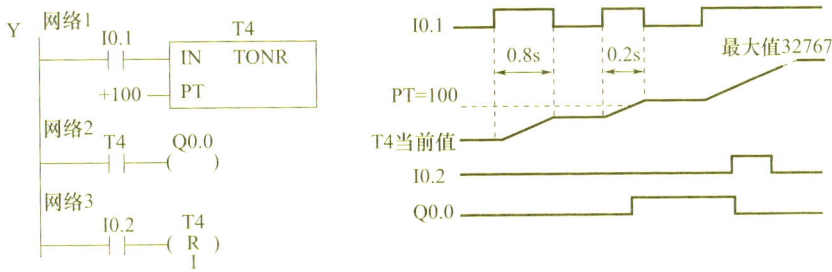

图2　有记忆的通电延时型定时器（TONR）

当 I0.1 接通时，定时器 T4 线圈得电开始计时，经过 1s 后，设定时间到，T4 动合触点闭合，Q0.0 线圈得电；当 I0.1 断开时，T4 线圈断电，但保持当前值不变，Q0.0 线圈不断电，只有当 I0.2 接通时，T4 线圈复位，Q0.0 线圈才断电。

3. 断电延时型定时器（TOF）

当使能端输入接通时，定时器位立即置位，并把当前值设为 0。当使能端断开时，定时器开始计时，直到达到设定值 PT。当达到设定值时，定时器位复位，并且停止当前值计时。当输入断开的时间短于设定值时，定时器位保持接通。

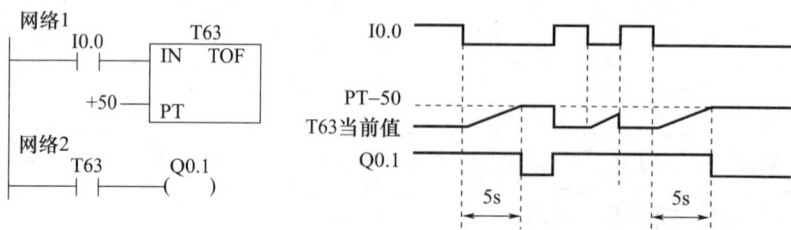

图 3　断电延时型定时器（TOF）

I0.0 接通时，定时器 T63 线圈得电，其动合触点立即闭合，Q0.1 线圈得电；I0.0 断开时，T63 线圈断电开始计时，经过 5s 后，设定时间到，T63 动合触点断开，Q0.1 线圈断电。例如：编制用 PLC 定时器控制的报警闪烁程序，要求报警时指示灯亮 5 秒，灭 2 秒，如此反复。

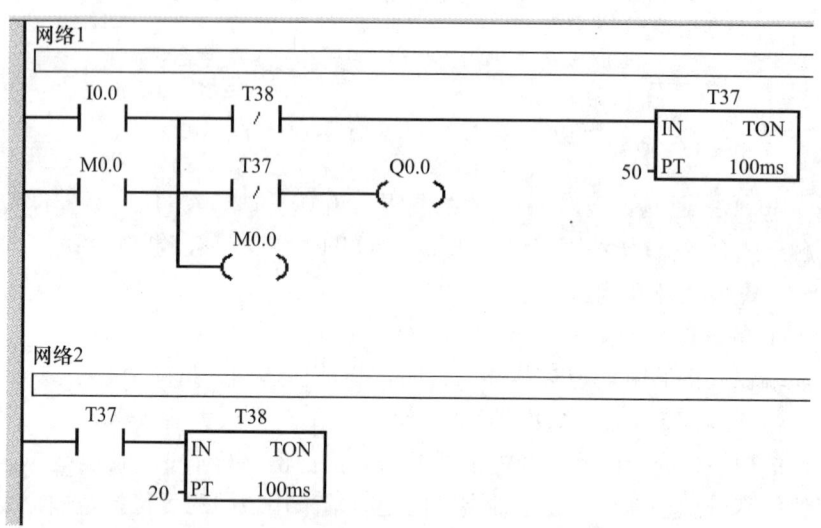

图 4　报警闪烁的 PLC 梯形图程序

三、置位、复位指令

S（SET）为置位指令，指令格式：S（S-bit）；N，使动作保持；R（RST）为复位指令，指令格式：R（S-bit）；N，使动作复位，清零。

置位指令 S、复位指令 R，在使能输入有效后对从起始位 S-bit 开始的 N 位置"1"或置"0"并保持。对同一寄存器的位可以多次使用 S/R 指令。由于是扫描工作方式，当 S/R 指令同时有效时，后面的指令有优先权。S/R 指令可成对、单独或与指令盒配合使用。

存储器位的置 1 和置 0 操作可以用普通线圈的通、断电来描述，而置位、复位指令则是将线圈设计成置位线圈和复位线圈两种形式。置位线圈受到脉冲前沿触发时，线圈通电锁存（存储器位置为 1），复位线圈受到脉冲前沿触发时，线圈断电锁存（存储器位置为 0）。在下次置位、复位操作信号到来前，线圈状态保持不变。

例 1：用置位、复位指令编制电动机单向连续运行控制电路的 PLC 程序，要求：按下启动按钮后，电动机连续运行，按下停止按钮后，电动机断电停止。

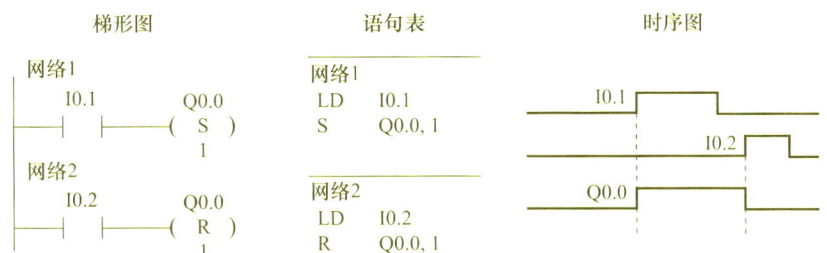

图 5　置位、复位指令控制电动机的单向连续运行

例 2：用置位、复位指令编制三盏灯点亮的 PLC 程序，要求：按下启动按钮，三盏灯同时点亮，经过 3 秒后，其中两盏灯自动熄灭；按下停止按钮，第三盏灯熄灭。

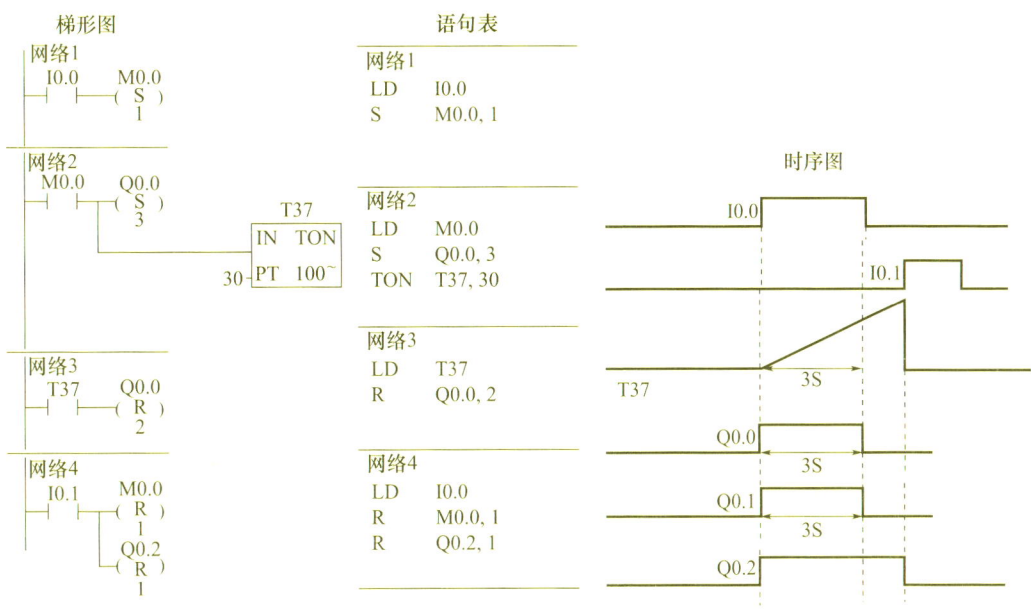

图 6　置位、复位指令控制三盏灯的亮灭

思考回答：你觉得实训编程中需要用到哪些指令？换一种方法编制用 PLC 定时器控制的报警闪烁程序，要求报警时指示灯亮 5 秒，灭 2 秒，如此反复。

任务执行

一、实施阶段

自动往返送料小车的 PLC 控制。

1. 记录下你的具体工作内容是什么?

_____

_____

_____

2. 根据工作台自动往返控制线路图,分析 PLC 控制自动往返送料小车和它的不同。

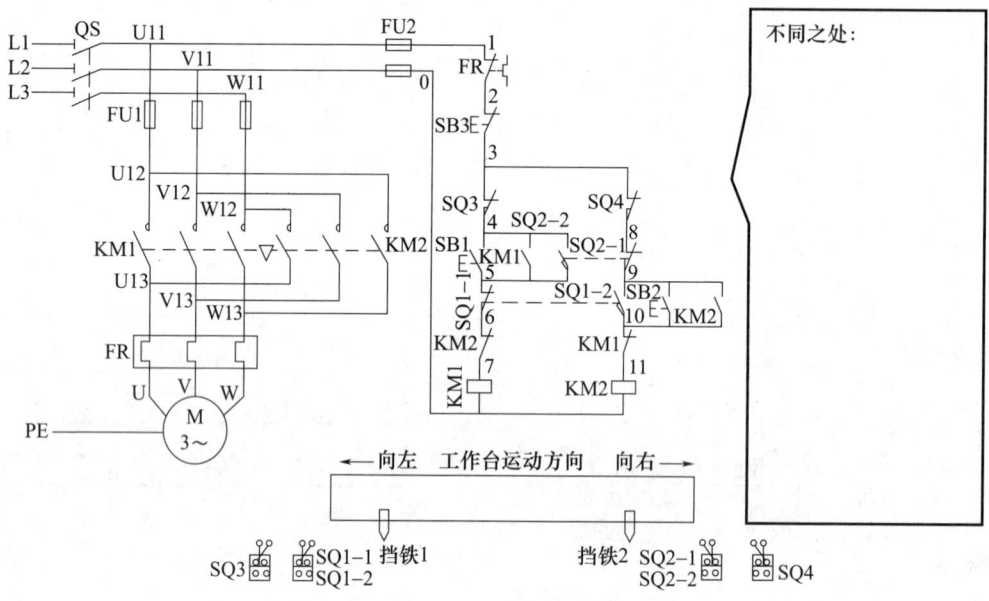

图 7　工作台自动往返控制线路图

二、实施过程

1. 编制自动往返送料小车的 PLC 控制程序,根据实际操作和图示写出具体操作内容。

图 8　PLC 控制：外部接线图

图 9　梯形图程序

根据控制要求，选择合适的低压电器，并填写表4、表5。

表4　低压电器选择

代号	名称	型号	规格	数量
KM				
SB				
FU				
QF				
XT				
SQ				

表5　输入/输出分配表

输入部分		输出部分	
输入元件	PLC 编程元件/作用	输出元件	PLC 编程元件/作用
SB1		KM1	
SB2		KM2	
SB3		电磁阀 YV1	
SQ1		电磁阀 YV2	
SQ2			

2. 每日 6S 检查项目。

表6　每日 6S 检查项目

检查项目	工位号	检查情况	日期	检查人
整理				
整顿				
清扫				
清洁				
素养				
安全				

任务交验

表7 自动往返送料小车的PLC控制实训评价表

序号	考核项目	具体要求指标	配分	得分
1	准备工作	PLC编程软件和材料是否准备齐全	10	
2	自动往返送料小车PLC控制	准确使用PLC编程软件编写要求程序，连接外部导线，通电运行	60	
3	成功率	程序是否按要求调试、运行	10	
4	安全	是否安全操作，无意外发生	10	
5	卫生	操作结束后，工具是否摆放整齐，废料和垃圾是否清理干净	10	
		合计	100	
简要评价（含个人德育、学习、劳动、审美、体育）			学生小组签名	

任务评定

表8 学习活动综合评价表

学习活动_____ 学生姓名_____ 学号_____

评价项目	评价要点	配分	得分
平时表现评价	出勤情况、工装穿戴情况	10	
	纪律情况、学习主动性	10	
	6S执行情况	10	
综合能力评价	是否能够积极查询资料完成思考内容	20	
	是否正确完成计划和学习任务的制定	10	
	计划实施：是否正确完成和执行计划	10	
	调试和检修：是否能够正确调试和检修	20	
情感态度评价	团队合作、互动与创新情况	5	
	实践动手操作的兴趣、态度、积极性	5	
	合计		
简要评述（素质教育）		教师签名	

学习活动三　彩灯循环闪烁的 PLC 控制

任务目标

1. 能理解特殊标志位存储器、计数器等内部元件的意义。
2. 能掌握计数器、特殊标志位等指令的功能并熟悉其编程格式。

任务时间

12 课时。

任务策划

一、任务要求

在实际生产生活中，各种彩灯随处可见。现有一任务，要求如下：现有六个彩灯 L1～L6，按下启动按钮 2 秒后，L1 指示灯点亮，又经过 1 秒后 L2～L4 同时点亮，再经过 1 秒后，L5～L6 同时点亮；经过 1 秒后，所有彩灯同时熄灭，再经过 1 秒后，又进行下一个循环。按下停止按钮，所有彩灯同时熄灭。用特殊标志位存储器、计数器、定时器等设计 PLC 的控制程序，并安装、接线、调试及运行。

二、任务分析

表 1　任务分析及任务计划书

项　目	
任务分析	
任务计划	
成　员	

任务准备

一、特殊存储器（SM）标志位

特殊存储器又称为特殊继电器，其标志位提供大量的状态和特殊的控制功能，起到在 PLC 和用户程序之间交换信息的作用。特殊标志位可分为只读区及可读/可写区，对于只读区特殊标志位，用户只能利用其触点。可读/可写区特殊标志位用于特殊控制功能，如自由端口的设置、定时中断时间设置、高速计数器设置、脉冲输出控制等。

表2　S7-200内设以下八种用途的特殊存储器状态位

特殊存储器	用途
SM0.0	RUN监控，PLC在RUN状态时，该位始终为1。
SM0.1	初始化脉冲，该位在PLC首次扫描时，ON一个扫描周期。
SM0.2	若保存数据丢失，该位将ON一个扫描周期。
SM0.3	上电后进入RUN方式，该位将ON一个扫描周期。
SM0.4	该位提供了一个1分钟周期的时钟脉冲，30秒为1，30秒为0。
SM0.5	该位提供了一个1秒钟周期的时钟脉冲，0.5秒为1，0.5秒为0。
SM0.6	该位为扫描时钟，一个扫描周期为1，下一个扫描周期为0，交替循环。
SM0.7	该位指示CPU工作方式开关的位置（0为TERM位置，1为RUN位置）。当开关在RUN位置时，该位可使自由端口通讯方式有效，当切换为TERM位置时，同编程设备的正常通讯也会有效。

温馨提示：用特殊存储器SM0.4和SM0.5可以方便地编制报警闪烁电路的程序。

二、计数器指令及其应用

计数器是用以记录脉冲信号个数的内部器件，利用输入脉冲上升沿（从off到on）累计脉冲个数。当计数器输入信号从断开到接通变化一次，计数器计数一次。CPU提供了三种类型的计数器，分别为增计数器（CTU）、减计数器（CTD）和增减计数器（CTUD）。

1. 增计数器（CTU）

增计数器在每一个CU输入端的上升沿递增计数，直至最大值。当前计数值大于或等于设定值时，该计数器被置位（输出状态位置1）；当复位输入R接通时，计数器复位（当前值清零，输出状态位置0）。

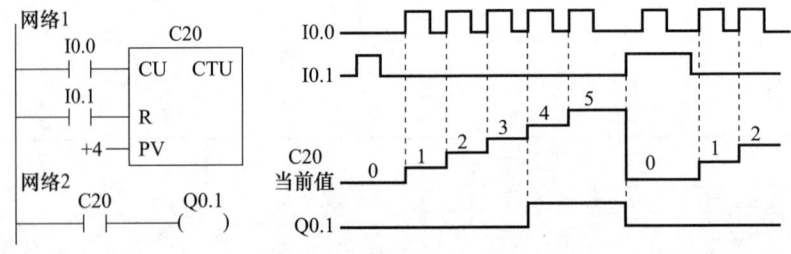

图1　增计数器（CTU）

2. 减计数器（CTD）

减计数器在每一个CD输入端的上升沿从设定值开始递减计数。当前值等于0时，该计数器状态位置位，停止计数。当复位输入LD接通时，计数器把设定值装入当前值存储器，计数器状态位复位（即当前值复位为设定值）。

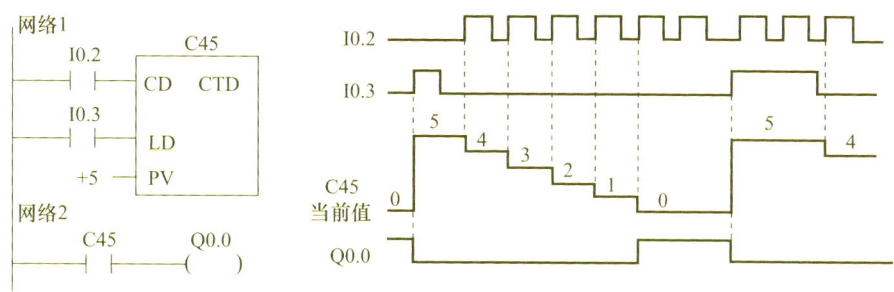

图 2 减计数器（CTD）

3. 增减计数器（CTUD）

增减计数器在每一个 CU 输入端的上升沿递增计数，在每一个 CD 输入端的上升沿递减计数。当前值大于或等于设定值时，该计数器状态位置位。当复位输入 R 接通时，计数器状态位复位，当前值清零。

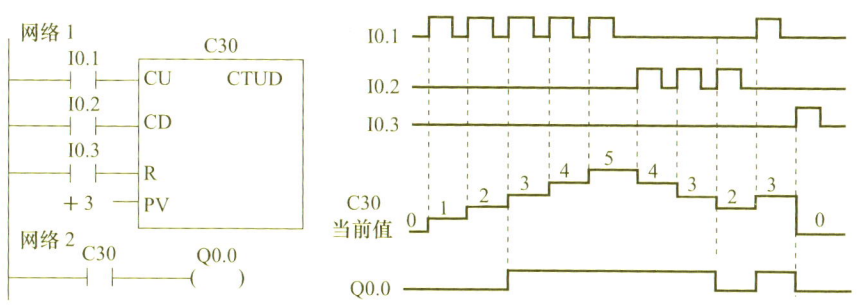

图 3 增减计数器（CTUD）

例 1：编制包装机计数的 PLC 控制程序。一台包装机械对 10 个一组的产品进行包装。行程开关检测通过装配线上产品的个数，把信号传递给 PLC，每有 10 个产品通过，PLC 便产生一个输出信号，接通电磁阀 5 秒钟，以进行包装工序。

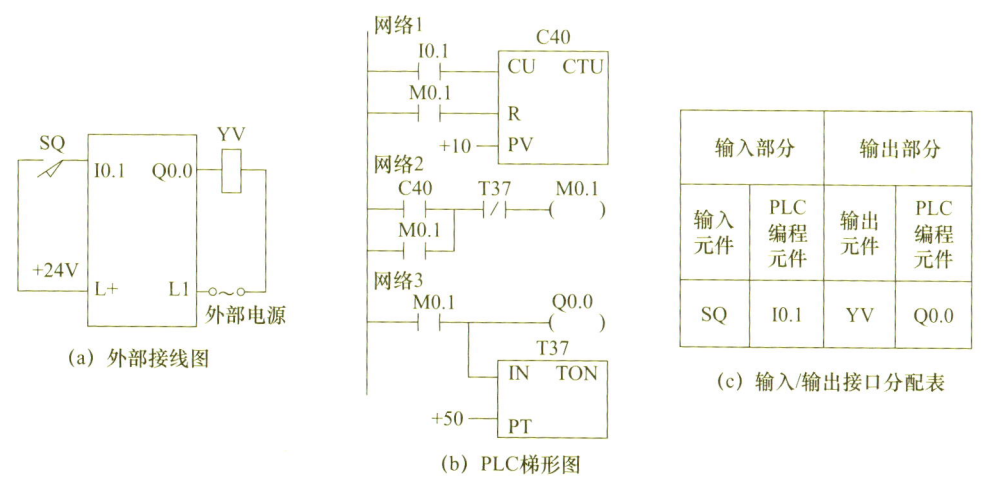

图 4 包装 PLC 资料

例 2：设计一个指示灯延时 600 秒后点亮的 PLC 控制程序，要求用定时器和计数器组合。

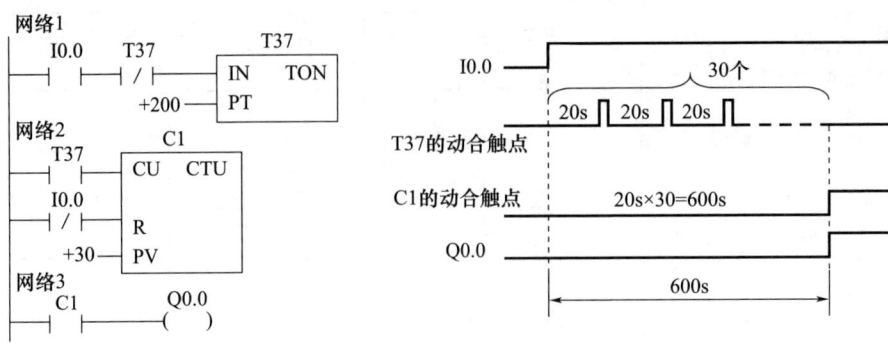

图 5　指示灯延时 PLC 资料

思考回答 1. 你觉得实训编程中需要用到哪些指令？

思考回答 2. 用减计数器指令和增计数器指令分别编制控制 6 个指示灯 L1～L6 亮灭的 PLC 控制程序，每按一次按钮，指示灯点亮一个并保持，按下 6 次，6 个灯逐个点亮，全亮后经过 1 秒同时熄灭。

🛠 任务执行

一、实施阶段

完成彩灯循环闪烁的 PLC 控制。
1. 记录下你的具体工作内容是什么？

2. 根据彩灯循环闪烁的 PLC 控制，分析它的工作原理。

二、实施过程

1. 编制彩灯循环闪烁的 PLC 控制程序,根据实际操作和图示写出具体操作内容。

图 6 PLC 控制:外部接线图   图 7 梯形图程序

根据控制要求,选择合适的低压电器,并填写表 3、表 4。

表 3 低压电器选择

代号	名称	型号	规格	数量
PLC				
HL				
SB				
FU				
QF				
XT				

表 4 输入/输出分配表

输入部分		输出部分	
输入元件	PLC 编程元件/作用	输出元件	PLC 编程元件/作用
按钮 SB1		指示灯 HL1	
按钮 SB2		指示灯 HL2~HL4	
		指示灯 HL5~HL6	

2. 每日 6S 检查项目。

表 5 每日 6S 检查项目

检查项目	工位号	检查情况	日期	检查人
整理				
整顿				
清扫				
清洁				
素养				
安全				

任务交验

表 6　彩灯循环闪烁的 PLC 控制实训评价表

序号	考核项目	具体要求指标	配分	得分
1	准备工作	PLC 编程软件和材料是否准备齐全	10	
2	彩灯循环闪烁 PLC 控制	准确使用 PLC 编程软件编写要求程序，连接外部导线，通电运行	60	
3	成功率	程序是否按要求调试、运行	10	
4	安全	是否安全操作，无意外发生	10	
5	卫生	操作结束后，工具是否摆放整齐，废料和垃圾是否清理干净	10	
		合计	100	
简要评价（含个人德育、学习、劳动、审美、体育）			学生小组签名	

小资料

灯塔 L1～L8 为指示灯。要求接通 SD 启动开关 2 秒后，L1 指示灯点亮，又经过 2 秒后 L2～L4 同时点亮，再经过 2 秒后，L5～L8 同时点亮；断开 SD 启动开关，3 秒后 L1 熄灭，又经过 3 秒后 L2～L4 同时熄灭，再经过 3 秒后 L5～L8 同时熄灭，设计 PLC 的控制程序。

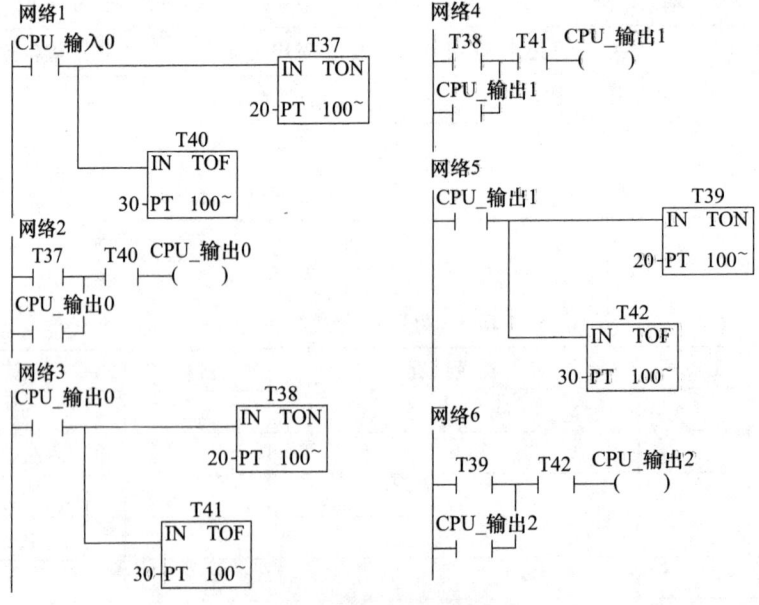

图 8　PLC 梯形图

任务评定

表7 学习活动综合评价表

学习活动_____ 学生姓名_____ 学号_____

评价项目	评 价 要 点	配分	得分
平时表现评价	出勤情况、工装穿戴情况	10	
	纪律情况、学习主动性	10	
	6S执行情况	10	
综合能力评价	是否能够积极查询资料完成思考内容	20	
	是否正确完成计划和学习任务的制定	10	
	计划实施：是否正确完成和执行计划	10	
	调试和检修：是否能够正确调试和检修	20	
情感态度评价	团队合作、互动与创新情况	5	
	实践动手操作的兴趣、态度、积极性	5	
合计			
简要评述（素质教育）		教师签名	

小资料

边沿触发指令：边沿触发是指用边沿触发信号产生一个扫描周期的脉冲，通常用作脉冲整形。边沿触发指令分为正跳变触发（脉冲上升沿）和负跳变触发（脉冲下降沿）两类。正跳变触点检测到输入脉冲的上升沿时，让能流接通一个扫描周期。负跳变触点检测到输入脉冲的下降沿时，让能流接通一个扫描周期。

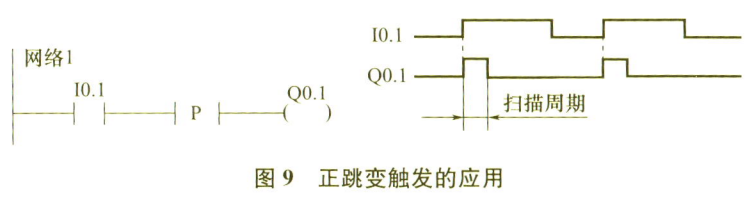

图9 正跳变触发的应用

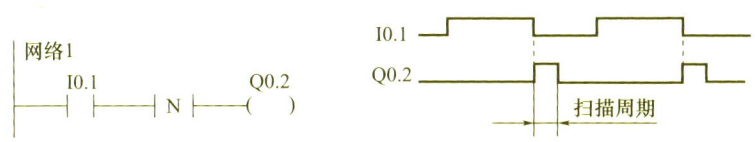

图10 负跳变触发的应用

学习活动四　工作总结与评价

任务目标

1. 能掌握定时器、置位、复位等指令的功能并熟悉其编程格式。
2. 能掌握计数器、特殊标志位等指令的功能并熟悉其编程格式。
3. 能掌握电动机电路的 PLC 控制。
4. 能掌握自动往返送料小车的 PLC 控制。
5. 能掌握彩灯循环闪烁的 PLC 控制。
6. 养成爱护器材、工具和仪表的习惯,做到工具有序放置及实训场地随时清整。

任务时间

2 课时。

任务汇报

一、训练汇报

以小组为单位,选择成员进行电动机电路的 PLC 控制、自动往返送料小车的 PLC 控制、彩灯循环闪烁的 PLC 控制的操作过程演示,并简要说明操作过程中的经验和体会。汇报的内容应包括:1. 学到了什么? 2. 是否存在问题? 若有问题,是什么问题? 是什么原因导致的? 下次该如何避免?

表 1　训练汇报内容

汇报人	汇报内容	值得学习的地方	还需改进的地方

续表

汇报人	汇报内容	值得学习的地方	还需改进的地方

二、任务综合评价

表2 学习任务四 PLC基本指令应用综合评价表

被评价人			评价时间			
评价项目	评价内容	评价标准	评价方式			
			自我评价	小组评价	教师评价	
劳动素养	安全意识责任意识	A 作风严谨、自觉遵章守纪、出色地完成工作任务 B 能够遵守规章制度、较好地完成工作任务 C 遵守规章制度、没完成工作任务，或虽完成工作任务但未严格遵守规章制度 D 不遵守规章制度、没完成工作任务				
职业素养	学习态度	A 积极参与教学活动，全勤 B 缺勤达本任务总学时的10% C 缺勤达本任务总学时的20% D 缺勤达本任务总学时的30%				
	团队合作意识	A 与同学协作融洽、团队合作意识强 B 与同学能沟通、协同工作能力较强 C 与同学能沟通、协同工作能力一般 D 与同学沟通困难、协同工作能力较差				
专业能力	学习活动1电动机电路的PLC控制	A 按时、完整地完成工作页，问题回答正确，数据记录准确完整 B 按时、完整地完成工作页，问题回答基本正确，数据记录基本准确 C 未能按时完成工作页，或内容遗漏、错误较多 D 未完成工作页				
	学习活动2自动往返送料小车的PLC控制	A 学习活动评价成绩为90~100分 B 学习活动评价成绩为75~89分 C 学习活动评价成绩为60~74分 D 学习活动评价成绩为0~59分				
	学习活动3彩灯循环闪烁的PLC控制	A 学习活动评价成绩为90~100分 B 学习活动评价成绩为75~89分 C 学习活动评价成绩为60~74分 D 学习活动评价成绩为0~59分				
评价人签字						
创新能力	学习过程中提出具有创新性、可行性的建议		加分奖励：			
指导教师			日期			

小资料

编制物料传送系统的 PLC 控制程序，如图 1～图 3 所示，要求如下。

（1）当光电开关接收到一个来料信号时（SQ1 出现一个下降沿），传送带启动。

（2）当传送带上物料到达末端的电磁开关位置时，SQ2 闭合，计数一个。

（3）当在 6 秒内没有物料出现在传送带上时，传送带暂停，当再次出现物料（SQ1 出现一个下降沿）时，传送带继续工作，计数也延续。

（4）当物料计数达到 5 个时，系统进入待机状态，停止工作，要再次工作，需要按下 SB1。

（5）按下 SB2，传送带停止工作，要再次工作，需要按下 SB1。

（6）在任何时候，只要按下 SB3，系统立即停止工作，计数器清零，系统进入待机状态。

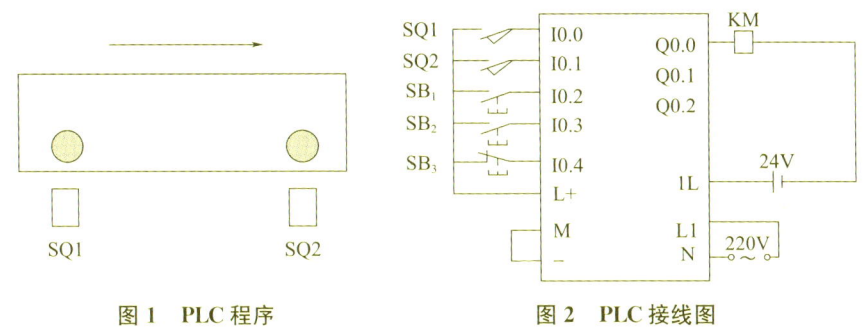

图 1　PLC 程序　　　　　　　图 2　PLC 接线图

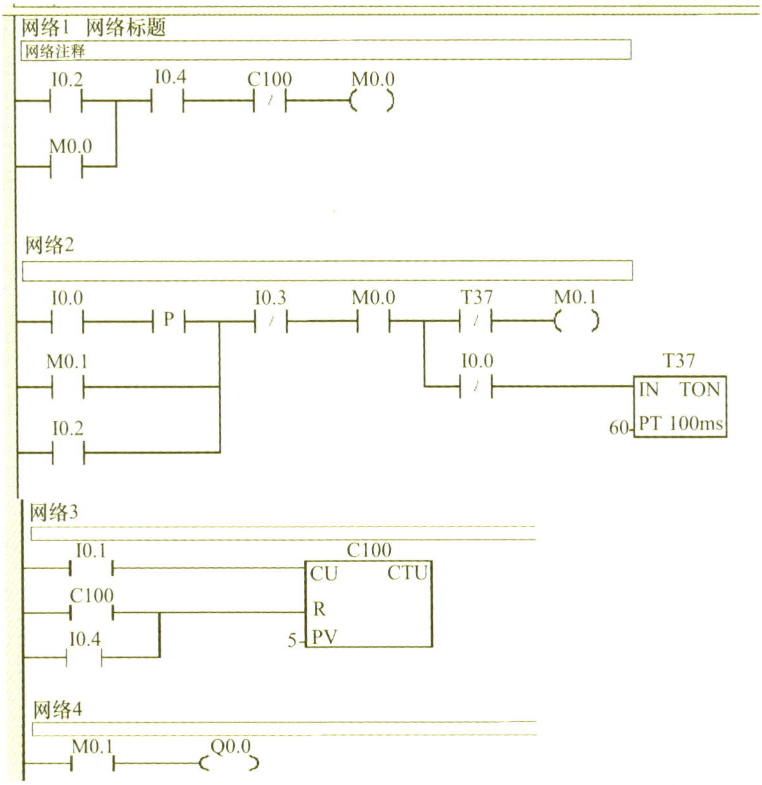

图 3　梯形图

学习任务五 七段码的 PLC 控制

任务目标

1. 能掌握 0~9 数码管显示的 PLC 控制。
2. 能掌握抢答器电路数码管显示的 PLC 控制。

任务时间

36 课时。

任务工作情境

数字显示在我们的工作、生活和生产中使用越来越广泛，在对 PLC 控制系统的设计过程中，也经常需要 PLC 将某些数据输出到数码管进行显示，因此如何利用 PLC 控制数码管显示对于在厂中校实习的同学们来说，是必须要掌握的知识。

任务工作流程与活动

1. 0~9 数码管显示的 PLC 控制。
2. 抢答器电路数码管显示的 PLC 控制。
3. 工作总结与评价。

学习活动一 0~9 数码管显示的 PLC 控制

任务目标

1. 能掌握二进制、十进制、十六进制。
2. 能理解和掌握七段码显示指令的功能和编程格式。
3. 能掌握用数码管显示数字 0~9 电路的 PLC 控制及运行。

任务时间

16 课时。

学习任务五 七段码的 PLC 控制

🔧 任务策划

一、任务要求

在 PLC 控制系统中,数码管的应用极大地方便了人们的生产与生活,学生掌握了七段码显示电路的 PLC 控制,可以根据工作的需求灵活使用。现设计用数码管显示数字 0~9 的电气控制线路,要求如下:按下启动按钮,七段码显示器循环显示 0~9 十个数字,间隔时间为 1s;按下停止按钮,显示停止。要求编制 PLC 程序,并安装、调试及运行。

二、任务分析

表 1　任务分析及任务计划书

项 目	
任务分析	
任务计划	
成 员	

🔧 任务准备

一、掌握二进制、十进制、十六进制

表 2　二进制、十进制、十六进制

1. **二进制**:以 2 为基数的记数系统,二进制(binary)在数学和数字电路中指以 2 为基数的记数系统,以 2 为基数代表系统是二进位制的。这一系统中,通常用两个不同的符号 0 和 1 来表示。数字电子电路中,逻辑门的实现直接应用了二进制,因此现代的计算机和依赖计算机的设备里都用到二进制。每个数字称为一个比特(Bit,Binary digit 的缩写)。

2. **十进制**:计数方法之一,600,3/5,−7.99……看着这些耳熟能详的数字,你有没有想太多呢?其实这都是全世界通用的十进制,即:(1)满十进一,满二十进二,以此类推。(2)按权展开,第一位权为 10^0,第二位为 10^1……以此类推,第 n 位为 10^{n-1},该数的数值等于每位的数值与该位对应的权值乘积之和。

3. **十六进制**:计算机中数据的表示方法之一,十六进制(hexadecimal)是计算机中数据的一种表示方法。它的规则是"逢十六进一"。十六进制的定义:十六进制即逢 16 进 1,其中用 A,B,C,D,E,F(字母不区分大小写)这六个字母来分别表示 10,11,12,13,14,15。故而十六进制每一位上从小到大可以是 0、1、2、3、4、5、6、7、8、9、A、B、C、D、E、F 十六个大小不同的数。

1. 二进制和十进制的相互转换

表 3　二进制和十进制的相互转换

正整数的十进制转换二进制　要点：除二取余，倒序排列。解释：将一个十进制数除以二，得到的商再除以二，依此类推直到商等于 1 或 0 时为止，将除得的余数倒取，即换算为二进制数的结果。例如：把 52 换算成二进制数，计算结果如右图：由于计算机内部表示数的字节单位都是定长的，以 2 的幂次展开，或者 8 位，或者 16 位，或者 32 位。于是，一个二进制数用计算机表示时，位数不足 2 的幂次时，高位上要补足若干个 0。本文都以 8 位为例。那么：$(52)_{10} = (00110100)_2$。

原理：52除以2得到的余数依次为：0、0、1、0、1、1，倒序排列，所以52对应的二进制数就是110100。

二进制转换为十进制　要点：整数二进制用数值乘以 2 的（N-1）次幂依次相加，小数二进制用数值乘以 2 的负幂次然后依次相加！例如：将二进制 110 转换为十进制，首先补齐位数，00000110，首位为 0，则为正整数，那么将二进制中的三位数分别与下边对应的值相乘后相加得到的值为换算为十进制的结果，第一位 0 与 2^0 相乘：$0 \times 2^0 = 0$，第二位 1 与 2^1 相乘：$1 \times 2^1 = 2$，第三位 1 与 2^2 相乘：$1 \times 2^2 = 4$，那么：$(00000110)_2 = (6)_{10}$。

2. 二进制和十六进制的相互转换

表 4　二进制和十六进制的相互转换

十六进制转换成二进制	将十六进制的每个数字分开转换成四位数 2 进制，然后合并。 如：B6　B 转化成 2 进制是 1011，6 转化成 2 进制是 0110，所以 B6 的二进制是 1011 0110。
二进制转换为十六进制	从小数点开始，分别向左、右按 4 位分组转换成对应的十六进制数字字符，最后不满 4 位的，则需补 0。如：1101 0111 1000 0001，分别对应 13 781，所以对应的 16 进制是 D781。

二、掌握七段码显示指令及其应用

1. 七段译码指令 SEG 将输入字节 16♯0～F 转换成七段显示码。指令格式如下表。

表 5　七段码指令格式

LAD	STL	功能及操作数
SEG EN　ENO ????-IN　OUT-????	SEG IN, OUT	功能：将输入字节（IN）的第四位确定的十六进制数（16♯0～F），产生相应的七段显示码，送入输出字节 OUT。 IN：VB、IB、QB、MB、SB、SMB、LB、AC、常量。 OUT：VB、IB、QB、MB、SMB、LB、AC。 IN/OUT 的数据类型：字节。

2. 七段码显示器

七段码显示器的 a、b、c、d、e、f、g 段分别对应于字节的第 0 位～第 6 位，字节的某位为 1 时，其对应的段亮；输出字节的某位为 0 时，其对应的段暗。将字节的第 7 位补 0，则构成与七段显示器相对应的 8 位编码，称为七段显示码。

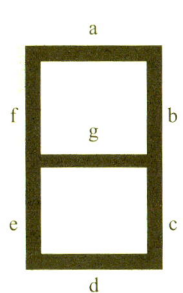

IN	段显示	(OUT) -gfe dcba	IN	段显示	(OUT) -gfe dcba
0		0011 1111	8		0111 1111
1		0000 0110	9		0110 0111
2		0101 1011	A		0111 0111
3		0100 1111	B		0111 1100
4		0110 0110	C		0011 1001
5		0110 1101	D		0101 1110
6		0111 1101	E		0111 1001
7		0000 0111	F		0111 0001

图 1　七段码显示

例题：按下 I0.0～I0.4 对应的按钮，用数码显示器显示 0～4 五个数字。

表 6　0～4 数字显示

输入	显示数字	点亮数码管	二进制数 Q 0.7～Q 0.0	十进制数
I0.0	0	a、b、c、d、e、f	0011 1111	63
I0.1	1	b、c	0000 0110	6
I0.2	2	a、b、d、e、g	0101 1011	91
I0.3	3	a、b、c、d、g	0100 1111	79
I0.4	4	b、c、f、g	0110 0110	102

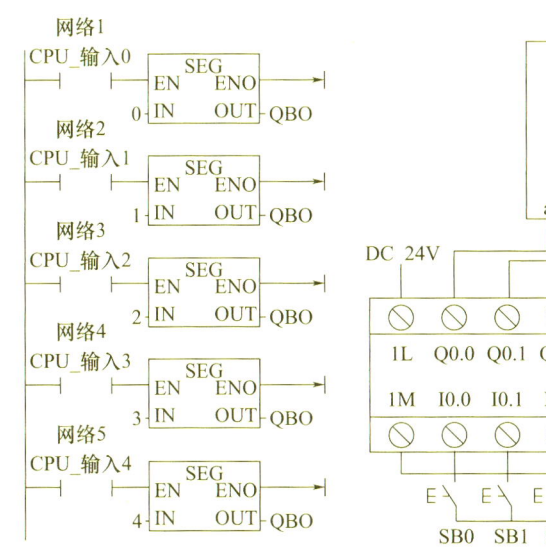
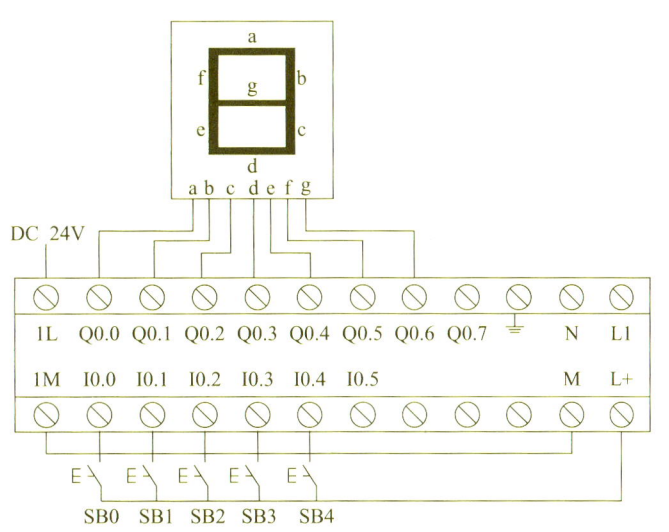

图 2　PLC 程序设置

思考回答：你觉得实训中需要用到哪些 PLC 元器件和基本操作指令？

🛠 任务执行

一、实施阶段

练习用定时器、七段码显示指令,设计数码管显示数字 0~9 的电气控制线路,要求如下:按下启动按钮,七段码显示器循环依次显示 0~9 十个数字,间隔时间为 1s;按下停止按钮,显示停止。要求编制 PLC 程序,并安装、调试、运行。使用万用表测量相关电器和线路。

记录下你的具体工作内容是什么?

_____
_____
_____
_____

二、实施过程

1. 写出十进制的 0~9 转换为八位二进制数是多少?

_____
_____
_____
_____

2. 编制用七段码自动循环显示数字 0~9 的 PLC 控制程序,根据实际操作和图示写出具体内容。

_____
_____
_____
_____

图 3　PLC 控制:外部接线图　　　　图 4　梯形图程序

工作原理：

_____
_____
_____
_____
_____

调试过程：

_____
_____
_____
_____
_____
_____

3. 根据控制要求，选择合适的低压电器，并填写表7、表8。

表7　低压电器选择

代号	名称	型号	规格	数量
PLC				
SB				
FU				
QF				

表8　输入/输出分配表

输入部分		输出部分	
输入元件	PLC编程元件/作用	输出元件	PLC编程元件/作用
SB1		七段数码管	
SB2			

4. 每日6S检查项目。

表9　每日6S检查项目

检查项目	工位号	检查情况	日期	检查人
整理				
整顿				
清扫				
清洁				
素养				
安全				

任务交验

表 10　数字 0~9 自动循环显示的 PLC 控制实训评价表

序号	考核项目	具体要求指标	配分	得分
1	准备工作	PLC 编程软件和材料是否准备齐全	10	
2	数字 0~9 自动循环显示的 PLC 控制	准确使用 PLC 编程软件编写要求程序，连接外部导线，通电运行	60	
3	成功率	程序是否按要求调试、运行	10	
4	安全	是否安全操作，无意外发生	10	
5	卫生	操作结束后，工具是否摆放整齐，废料和垃圾是否清理干净	10	
		合计	100	
简要评价（含个人德育、学习、劳动、审美、体育）			学生小组签名	

任务评价

表 11　学习活动综合评价表

学习活动_____　学生姓名_____　学号_____

评价项目	评价要点	配分	得分
平时表现评价	出勤情况、工装穿戴情况	10	
	纪律情况、学习主动性	10	
	6S 执行情况	10	
综合能力评价	是否能够积极查询资料完成思考内容	20	
	是否正确完成计划和学习任务的制定	10	
	计划实施：是否正确完成和执行计划	10	
	调试和检修：是否能够正确调试和检修	20	
情感态度评价	团队合作、互动与创新情况	5	
	实践动手操作的兴趣、态度、积极性	5	
	合计	100	
简要评述（素质教育）		教师签名	

小知识

袁隆平，江西德安人，1930年9月出生于北京。1949年至1953年在西南农学院农学系作物遗传育种专业学习。1953年至1971年任湖南省安江农业学校教师。1971年至1984年任湖南省农业科学院助理研究员、副研究员、研究员。1984年后，历任湖南杂交水稻研究中心主任、国家杂交水稻工程技术研究中心主任、湖南省农业科学院名誉院长、湖南农业大学名誉校长等职务。1988年任湖南省政协副主席。1995年当选中国工程院院士。

袁隆平同志是第五届全国人大代表，第六届、七届、八届、九届、十届、十一届、十二届全国政协常委。他一生致力于杂交水稻技术的研究、应用与推广，为我国粮食安全、农业科学发展和世界粮食供给作出杰出贡献，被誉为"杂交水稻之父"。曾荣获国家最高科学技术奖、国家科学技术进步奖特等奖、国家发明奖特等奖、联合国教科文组织科学奖、世界粮食奖等，2018年荣获"改革先锋"称号，2019年被授予"共和国勋章"。

学习活动二　抢答器电路数码管显示的PLC控制

任务目标

1. 能理解变量存储器的意义。
2. 能掌握数据传送指令的功能并熟悉其编程格式原理。
3. 能掌握用变量存储器、数据传送等指令编程的方法，进一步熟悉基本指令的使用。

任务时间

18课时。

任务策划

一、任务要求

在各种类型的竞赛、选秀活动中经常会有抢答项目，在这些项目中常常会用到抢答器。现设计三人抢答器，要求如下：有3个抢答台，抢答机会均等。当主持人按下抢答开始按钮后，抢答开始并限定时间。若某人抢先按下答题按钮，其指示灯亮，同时显示其号码，其余二人指示灯均不能再按亮；若限定时间10s内无人抢答则蜂鸣器发出响声，抢答无效。如果在主持人按下抢答开始按钮前，某人抢先按下答题按钮，则属违规，其指示灯闪烁同时显示其号码，同时蜂鸣器发出响声。主持人按下复位按钮后，可以开始新一轮抢答。编制PLC控制程序，并安装、调试及运行。

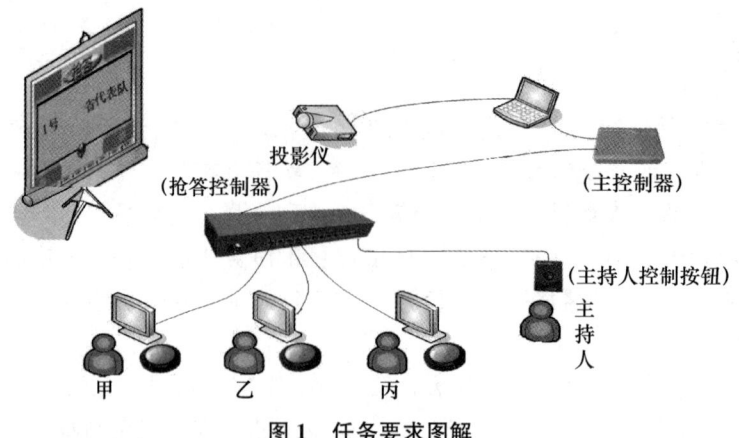

图1 任务要求图解

二、任务分析

表1 任务分析及任务计划书

项　目	
任务分析	
任务计划	
成　员	

任务准备

一、变量存储器（V）

变量存储器用以存储全局变量、程序执行过程中的中间结果或其他相关数据。变量存储器可以按字节（B）、字（W）、双字（DW）使用。如 CPU226 有 VB 0.0～VB 5119.7 的 5K 的存储空间。

变量存储器的寻址方式如下。

位地址：V［字节地址］［位地址］，如 V10.2。

字节、字、双字地址：V［数据长度］.［起始字节地址］，如 VB10、VW100、VD200。CPU226 模块变量存储器的有效地址范围为：V（0.0～5119.7）；VB（0～5119）；VW（0～5118）；VD（0～5116）。

二、数据传送指令及其使用

数据传送指令可以实现各存储单元之间的数据传送和复制。数据传送指令有单个数据传送指令，一次完成一个字节、字、双字或实数的传送；还有数据块传送指令，完成字节、字、双字或实数的成组传送。

表2　单个数据传送指令的格式

语句表	功能图
字节传送　MOVB IN，OUT	MOV_B EN ENO ????─IN OUT─????
字传送　　MOVW IN，OUT	MOV_W EN ENO ????─IN OUT─????
双字传送　MOVD IN，OUT	MOV_DW EN ENO ????─IN OUT─????

1. 单个数据传送指令

指令功能：当使能端 EN 有效时，把输入端（IN）的数据传送到输出端（OUT）。

指令符号：MOV。

传送的数据类型：字节（B），字（W），双字（DW），实数（R）。

例1：把 VB100 中的一个字节数据，传送到 VB200 中。

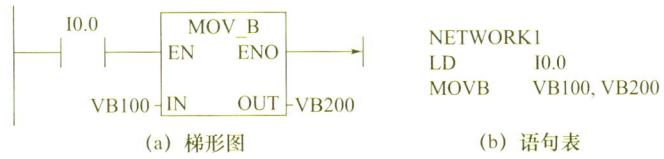

(a) 梯形图　　　　　　(b) 语句表

图2　字节传送指令的应用

例2：按下启动按钮后，对中间继电器 M0～M3 清零。字节 M0～M3，即双字 MD0。

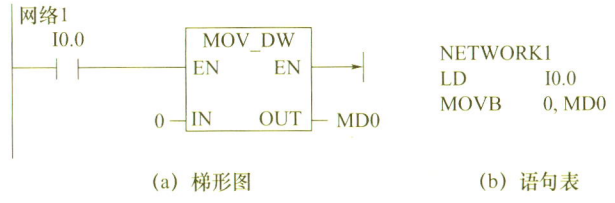

(a) 梯形图　　　　　　(b) 语句表

图3　双字传送指令的应用

2. 数据块传送指令

数据块传送指令一次可完成 N 个数据的成组传送。当使能端 EN 有效时，把从输入端 IN 开始的 N 个数据（字节、字或双字），传送到以输出端 OUT 开始的 N 个字节、字或双字中，N 的范围为 1～255。

表3　数据块传送指令的格式

字节块传送	字块传送	双字块传送
BMB IN，OUT	BMW IN，OUT	BMD IN，OUT
BLKMOV_B EN ENO ????─IN OUT─???? ????─N	BLKMOV_W EN ENO ????─IN OUT─???? ????─N	BLKMOV_D EN ENO ????─IN OUT─???? ????─N

例3：把字 VW140 开始的 4 个连续字中的数据，传送到字 VW240 开始的 4 个连续字存储单元中。

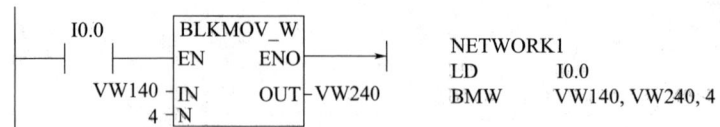

```
NETWORK1
LD      I0.0
BMW     VW140, VW240, 4
```

图 4　数据块传送指令的应用

3. 数据传送指令的操作数范围

表 4　数据传送指令的操作数范围

类型	操作数	范围
位	使能端 EN	I、Q、M、T、C、SM、V、S、L
字节 （B）	输入 IN	VB、IB、QB、MB、SB、SMB、LB、AC、常数
	输出 OUT	VB、IB、QB、MB、SB、SMB、LB、AC
字 （W）	输入 IN	VW、IW、QW、MW、SW、SMW、LW、T、C、AIW、AC、常数
	输出 OUT	VW、IW、QW、MW、SW、SMW、LW、T、C、AQW、AC
双字 （DW）	输入 IN	VD、ID、QD、MD、SD、SMD、LD、DAC、HC
	输出 OUT	VD、ID、QD、MD、SMD、LD、AC、SD

例4：用数据传送指令实现三台电动机的同时启动，同时停止。

三台电动机分别由 Q0.0、Q0.1、Q0.2 驱动，I0.1 为启动信号，I0.2 为停止信号。

温馨提示：十进制数"7"转换成二进制数为"111"，十进制数"0"转换成二进制数为"000"。QB0 字节包括 Q0.0～Q0.7 共 8 位，本题只用到 Q0.0～Q0.2。

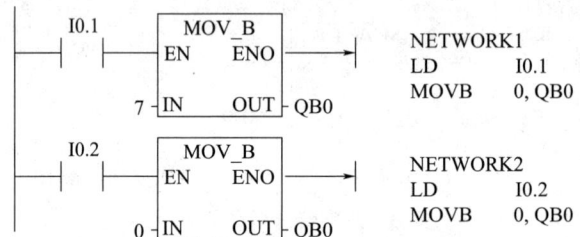

```
NETWORK1
LD      I0.1
MOVB    0, QB0

NETWORK2
LD      I0.2
MOVB    0, QB0
```

图 5　三台电动机同时启动指令

思考回答 1. 你觉得实训编程中需要用到哪些指令？

思考回答 2. 如何用数据传送指令编写 PLC 程序，要求：按下 I0.0～I0.4 对应的按钮，用数码管显示 0～4 五个数字。

学习任务五 七段码的 PLC 控制

任务执行

一、实施阶段

数码管显示抢答器电路的 PLC 控制，记录下你的具体工作内容是什么？

_____
_____
_____
_____

二、实施过程

1. 编制数码管显示抢答器电路的 PLC 控制程序，根据实际操作和图示写出具体内容。

图 6 PLC 控制： 外部接线图　　　　图 7 梯形图程序

根据控制要求，选择合适的低压电器，并填写表 5、表 6。

表 5 低压电器选择

代号	名称	型号	规格	数量
PLC				
SB				
FU				
QF				
HL				

表6 输入/输出分配表

输入部分		输出部分	
输入元件	PLC编程元件/作用	输出元件	PLC编程元件/作用
SB1		指示灯1	
SB2		指示灯2	
SB3		指示灯3	
SB4		七段数码管	
SB5		蜂鸣器	

2. 每日6S检查项目。

表7 每日6S检查项目

检查项目	工位号	检查情况	日期	检查人
整理				
整顿				
清扫				
清洁				
素养				
安全				

任务交验

表8 抢答器电路数码管显示的PLC控制实训评价表

序号	考核项目	具体要求指标	配分	得分
1	准备工作	PLC编程软件和材料是否准备齐全	10	
2	抢答器电路数码管显示的PLC控制	准确使用PLC编程软件编写要求程序，连接外部导线，通电运行	60	
3	成功率	程序是否按要求调试、运行	10	
4	安全	是否安全操作，无意外发生	10	
5	卫生	操作结束后，工具是否摆放整齐，废料和垃圾是否清理干净	10	
		合计	100	
简要评价（含个人德育、学习、劳动、审美、体育）			学生小组签名	

📁 **小知识**

（1）**二氧化碳灭火器**：主要适用于各种易燃、可燃液体、可燃气体火灾，还可扑救仪器仪表、图书档案、工艺器和低压电器设备等的初起火灾。

使用方法：1. 用右手握着压把，左手托着灭火器底部，轻轻取下灭火器。2. 用右手提着灭火器到现场。3. 除掉铅封。4. 拔掉保险销。5. 站在上风口，距火源两米的地方，左手拿着喇叭筒，右手用力压下压把。6. 对着火源根部喷射，并不断推前，直至把火焰扑灭。

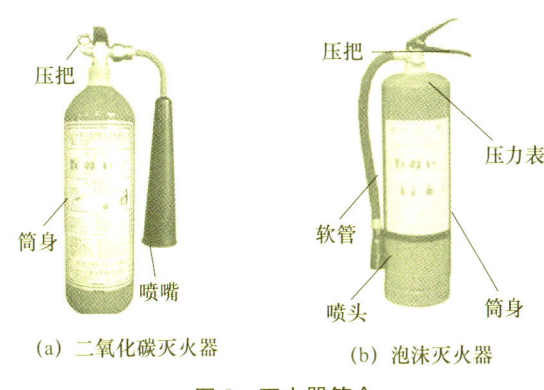

（a）二氧化碳灭火器　　（b）泡沫灭火器

图 8　灭火器简介

（2）**泡沫灭火器**：主要适用于扑救各种油类火灾、木材、纤维、橡胶等固体可燃物火灾。

使用方法：1. 右手托着压把，左手托着灭火器底部，轻轻取下灭火器。2. 右手提着灭火器到现场。3. 右手捂住喷嘴，左手执筒底边缘。4. 把灭火器颠倒过来呈垂直状态，用力上下晃动几下，然后放开喷嘴。5. 右手抓筒耳，左手抓筒底边缘，把喷嘴朝向燃烧区，站在上风口，离火源八米的地方喷射，并不断前进，兜围着火焰喷射，直至把火扑灭。6. 灭火后，把灭火器卧放在地上，喷嘴朝下。

🔧 **任务评定**

表 9　学习活动综合评价表

学习活动＿＿＿＿＿＿　　学生姓名＿＿＿＿＿＿　　学号＿＿＿＿＿＿

评价项目	评 价 要 点	配分	得分
平时表现评价	出勤情况、工装穿戴情况	10	
	纪律情况、学习主动性	10	
	6S 执行情况	10	
综合能力评价	是否能够积极查询资料完成思考内容	20	
	是否正确完成计划和学习任务的制定	10	
	计划实施：是否正确完成和执行计划	10	
	调试和检修：是否能够正确调试和检修	20	

续表

评价项目	评价要点	配分	得分
情感态度评价	团队合作、互动与创新情况	5	
	实践动手操作的兴趣、态度、积极性	5	
合计			

简要评述（素质教育）　　　　　　　　　　教师签名

小资料

钱学森（1911年12月11日—2009年10月31日）浙江杭州人。1929年至1934年在上海交通大学机械工程系学习，毕业后报考清华大学留美公费生，录取后在杭州笕桥飞机场实习。1935年至1936年在美国麻省理工学院航空工程系学习，获硕士学位。1936年至1939年在美国加州理工学院航空系学习，获博士学位。1939年至1943年任美国加州理工学院航空系研究员。1943年至1945年任美国加州理工学院航空系助理教授（1940年至1945年为四川成都航空研究所通信研究员）。1945年至1946年任美国加州理工学院航空系副教授。1946年至1949年任美国麻省理工学院航空系副教授、空气动力学教授。1949年至1955年任美国加州理工学院喷气推进中心主任、教授。1955年自美国回国后，任中国科学院学部委员，力学研究所所长、研究员，国防部第五研究院副院长、院长。1959年8月加入中国共产党。1965年至1970年任第七机械工业部副部长。1970年至1982年任国防科学技术工业委员会副主任，中国科学技术协会副主席。1982年后，任国防科工委科技委副主任（1987年后改任高级顾问），1986年任中国科学技术协会主席，1991年为名誉主席，中国科学院院士、主席团执行主席，1994年为中国工程院院士。中国系统工程学会、中国力学学会、中国宇航学会名誉理事长。1986年3月任政协第六届全国委员会副主席。1988年3月至1998年3月任政协全国委员会副主席，中共政协全国委员会党组成员、科技委员会主任。

1991年10月16日，被中华人民共和国国务院、中央军委授予"国家杰出贡献科学家"荣誉称号和一级英雄模范奖章。

学习活动三　工作总结与评价

任务目标

1. 能掌握二进制、十进制、十六进制。
2. 能理解七段码显示指令的含义。
3. 能理解变量存储器的意义。
4. 能理解和掌握七段码显示指令、变量存储器、数据传送指令的功能和编程格式。

5. 能掌握0~9数码管显示的PLC控制。

6. 能掌握抢答器电路数码管显示的PLC控制。

7. 养成爱护器材、工具和仪表的习惯,做到工具有序放置及实训场地随时清整。

任务时间

2课时。

任务汇报

一、训练汇报

以小组为单位,选择成员进行0~9数码管显示电路的PLC控制、数码管抢答器电路的PLC控制的操作过程演示,并简要说明操作过程中的经验和体会。汇报的内容应包括:1. 学到了什么?2. 是否存在问题?若有问题,是什么问题?是什么原因导致的?下次该如何避免?

表1 训练汇报内容

汇报人	汇报内容	值得学习的地方	还需改进的地方

二、任务综合评价

表 2　学习任务五　七段码的 PLC 控制综合评价表

被评价人			评价时间			
评价项目	评价内容	评价标准	评价方式			
			自我评价	小组评价	教师评价	
劳动素养	安全意识责任意识	A 作风严谨、自觉遵章守纪、出色地完成工作任务 B 能够遵守规章制度、较好地完成工作任务 C 遵守规章制度、没完成工作任务，或虽完成工作任务但未严格遵守规章制度 D 不遵守规章制度、没完成工作任务				
职业素养	学习态度	A 积极参与教学活动，全勤 B 缺勤达本任务总学时的 10% C 缺勤达本任务总学时的 20% D 缺勤达本任务总学时的 30%				
	团队合作意识	A 与同学协作融洽、团队合作意识强 B 与同学能沟通、协同工作能力较强 C 与同学能沟通、协同工作能力一般 D 与同学沟通困难、协同工作能力较差				
专业能力	学习活动 1 0～9 数码管显示的 PLC 控制	A 按时、完整地完成工作页，问题回答正确，数据记录准确完整 B 按时、完整地完成工作页，问题回答基本正确，数据记录基本准确 C 未能按时完成工作页，或内容遗漏、错误较多 D 未完成工作页				
	学习活动 2 抢答器电路数码管显示的 PLC 控制	A 学习活动评价成绩为 90～100 分 B 学习活动评价成绩为 75～89 分 C 学习活动评价成绩为 60～74 分 D 学习活动评价成绩为 0～59 分				
	学习活动 3 工作总结与评价	A 学习活动评价成绩为 90～100 分 B 学习活动评价成绩为 75～89 分 C 学习活动评价成绩为 60～74 分 D 学习活动评价成绩为 0～59 分				
评价人签字						
创新能力	学习过程中提出具有创新性、可行性的建议		加分奖励：			
指导教师			日期			

学习任务六　十字路口交通信号灯的 PLC 控制

任务目标

1. 能掌握比较指令的编程格式及应用。
2. 能掌握十字路口交通信号灯的 PLC 控制。

任务时间

24 课时。

任务工作情境

路口信号灯指挥交通可以有序的帮助车辆、人群过马路，使出行更加便捷，也大量节约时间，保障人们生命财产安全。因此如何利用 PLC 控制十字路口交通信号灯，对于在厂中校实习的同学们来说，是必须要掌握的知识。

任务工作流程与活动

1. 十字路口交通信号灯的 PLC 控制。
2. 工作总结与评价。

学习活动一　十字路口交通信号灯的 PLC 控制

任务目标

1. 能掌握比较指令的编程格式及应用。
2. 能掌握十字路口交通信号灯的 PLC 控制及运行。

任务时间

22 课时。

任务策划

一、任务要求

在我们的日常生活和工作中，红绿灯显示应用越来越广泛，现设计十字路口交通信号灯由 PLC 控制，要求如下：合上开关，南北方向，红灯亮 30 秒后，绿灯亮，27

秒后，黄灯闪烁 3 秒；东西方向，绿灯亮 27 秒后，黄灯闪烁 3 秒，而后，红灯亮 30 秒，如此循环进行。请设计 PLC 控制程序，并安装、调试及运行。

二、任务分析

表 1　任务分析及任务计划书

项　目	
任务分析	
任务计划	
成　员	

任务准备

一、比较指令及其使用

比较指令用于比较两个值 IN1 和 IN2 的大小。比较指令在梯形图里表示为动合触点，在动合触点的中间注明比较参数和比较运算符。当比较结果为真时，该动合触点闭合。

比较的数据类型：字节 B（无符号整数），整数/字/双字 I/W/D（有符号整数），实数 R（有符号双字浮点数），字符串 S。

1. 数值比较指令的运算符

大于等于"＞＝"；小于等于"＜＝"；大于"＞"；小于"＜"；等于"＝＝"；不等于"＜＞"

2. 比较指令格式

表 2　比较指令格式

LAD	功能
─┤IN1 ==B IN2├─	操作数 IN1 和 IN2 比较

例 1：整数比较。当计数器 C6 的当前值大于等于 10 时，输出线圈 Q0.0 通电

```
网络1
  C6        Q0.0         NETWORK1
──┤>=I├────(　)          LDW>=   C6, +10
  +10                    =       Q0.0
```
图 1　梯形图

例 2：字节比较。比较两个存储单元 VB4、VB8 中的数据，当 VB4≥VB8 时，线圈 Q0.0 有输出。

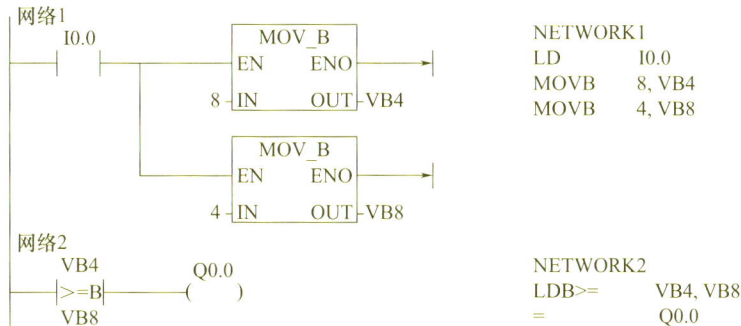

图 2　梯形图

例题 3：字节、字、实数比较指令的应用。

图 3　梯形图

例 4：用比较指令编写三台电动机启动时，按 M1、M2、M3 的顺序启动；停止时，按 M3、M2、M1 的顺序停止的 PLC 程序，时间间隔为 30s。

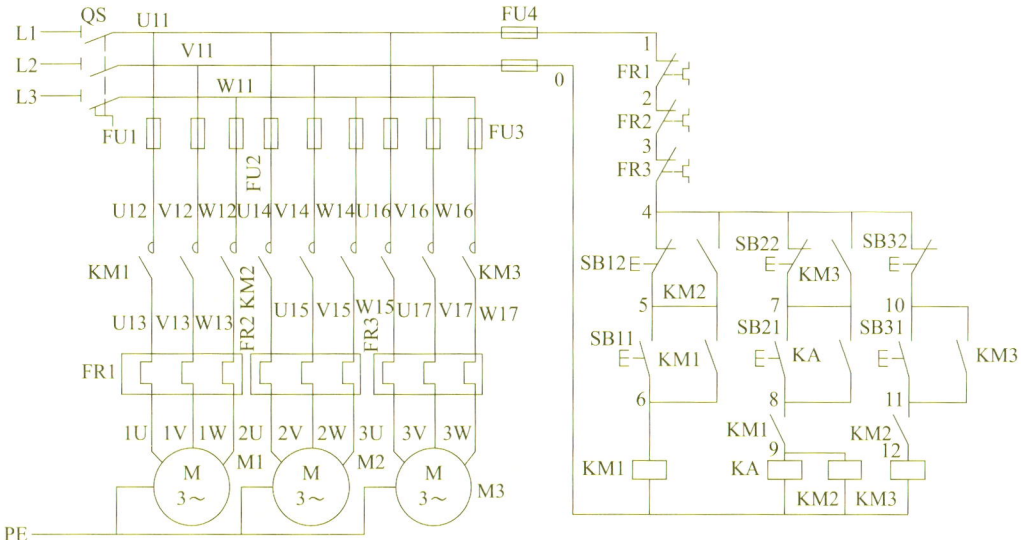

图 4　梯形图

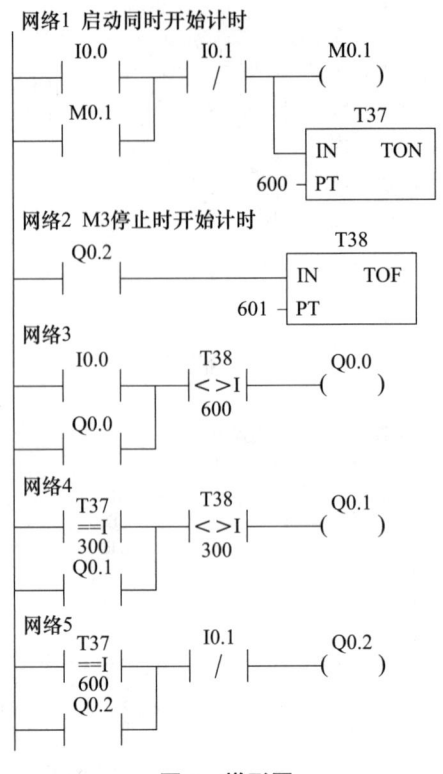

图5 梯形图

例5:编制传送带零件分拣的 PLC 程序。

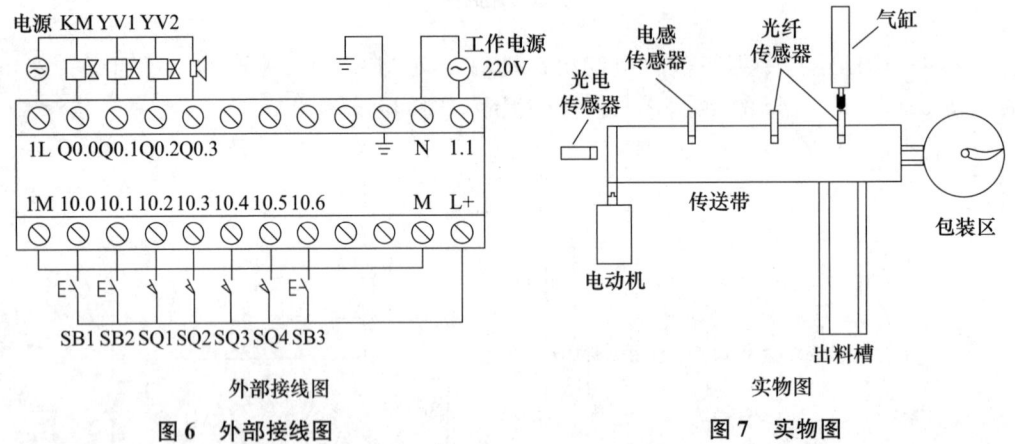

图6 外部接线图   图7 实物图

分析:传送带上共有3种零件,金属零件、白色塑料件和黑色塑料件,黑色件为次品。当光电传感器检测到传送带上有零件时,电动机带动传送带正转。用电感传感器和光纤传感器检测不同零件,当检测到3个金属零件和3个白色零件时,传送带停止,电磁阀YV通电,进行包装。若检测到黑色零件,作为次品用气缸推入出料斜槽。当次品达2个或2个以上时,进行报警。按下报警复位按钮,可解除报警,重新开始分拣。模拟运行时可用行程开关或按钮代替传感器。

表3 输入输出分配表

输入部分			输出部分		
输入元件	PLC 编程元件	作用	输出元件	PLC 编程元件	作用
SB1	I0.0	启动按钮	KM	Q0.0	电机接触器
SB2	I0.1	停止按钮	YV1	Q0.1	包装电磁阀
SQ1	I0.2	光电传感器	YV2	Q0.2	气缸电磁阀
SQ2	I0.3	电感传感器		Q0.3	蜂鸣报警器
SQ3	I0.4	光纤传感器1			
SQ4	I0.5	光纤传感器2			
SB3	I0.6	报警复位按钮			

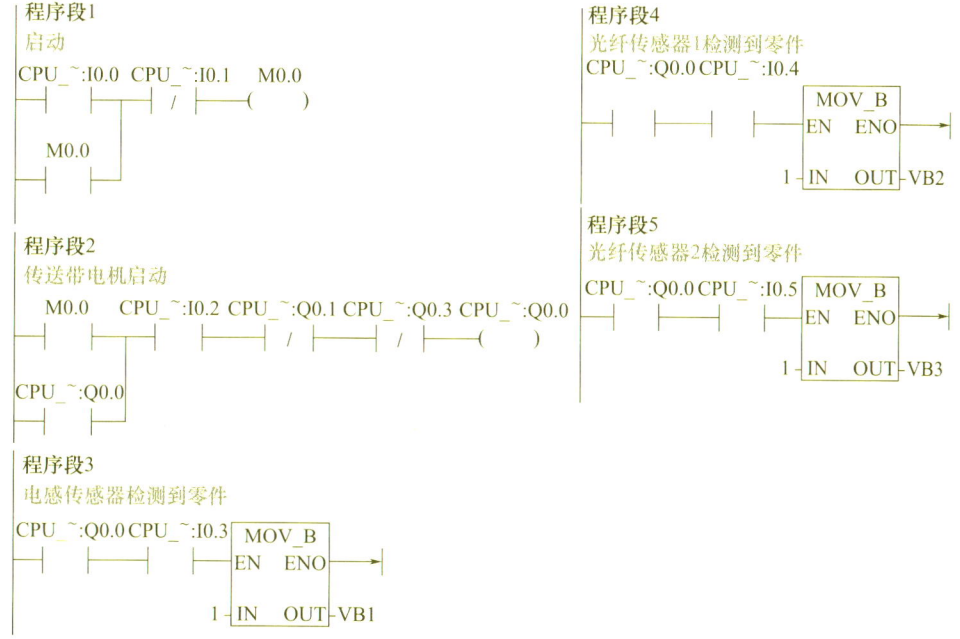

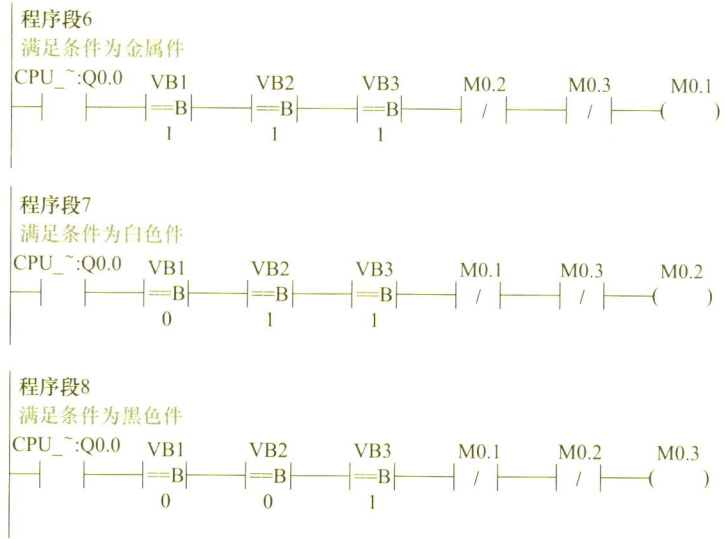

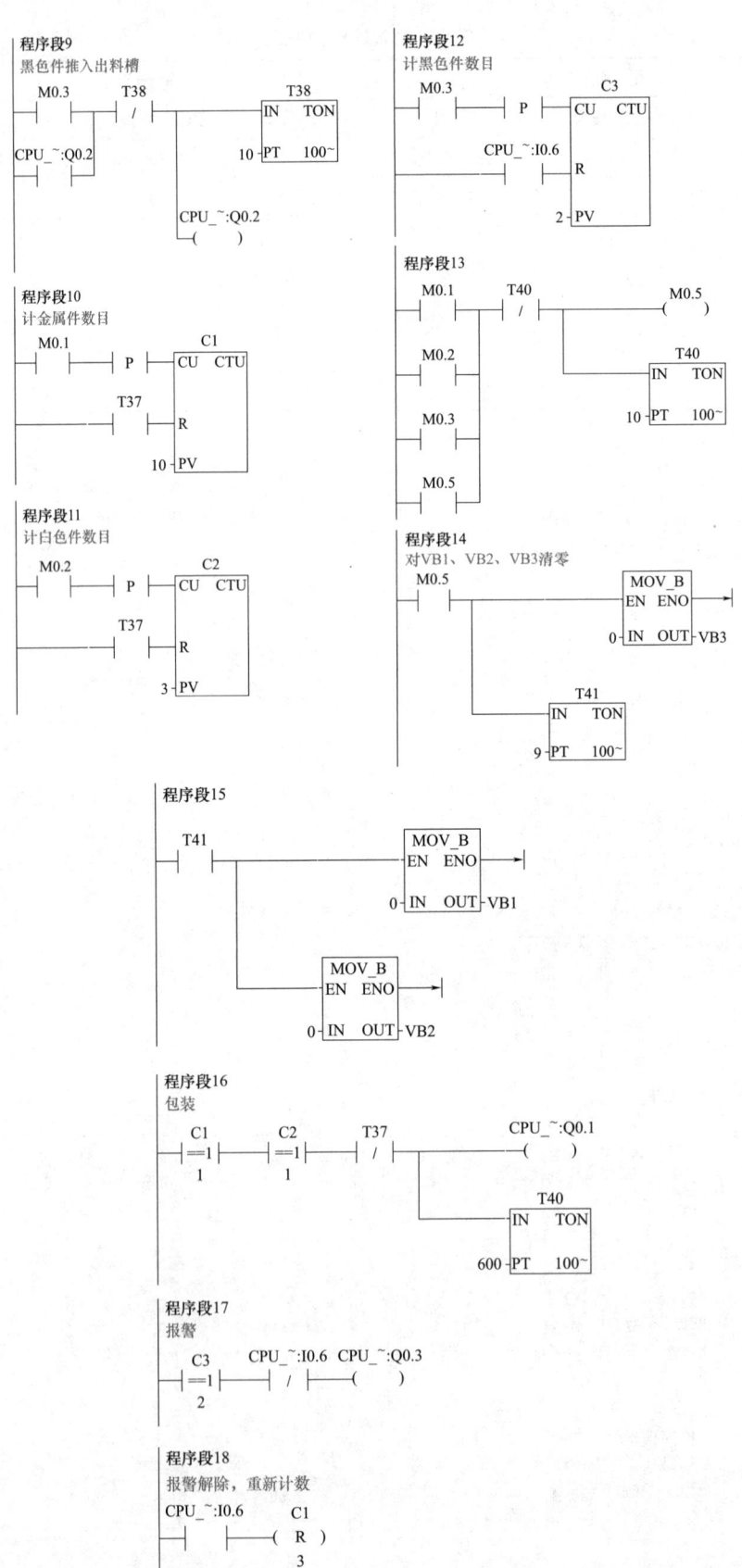

思考回答 1. 你觉得例 4 中用电力拖动实现顺序启动、逆序停止与 PLC 实现这个功能有什么不同之处?

思考回答 2. 你觉得实训中需要用到哪些 PLC 元器件和操作指令?

任务执行

一、实施阶段

十字路口交通信号灯的布置如图 8 所示。现设计由 PLC 控制这些交通灯运行,要求如下:南北方向,红灯亮 30 秒后,绿灯亮,27 秒后,黄灯闪烁 3 秒;东西方向,绿灯亮 27 秒后,黄灯闪烁 3 秒,而后,红灯亮 30 秒,如此循环进行。请设计 PLC 控制程序,并安装、调试及运行。

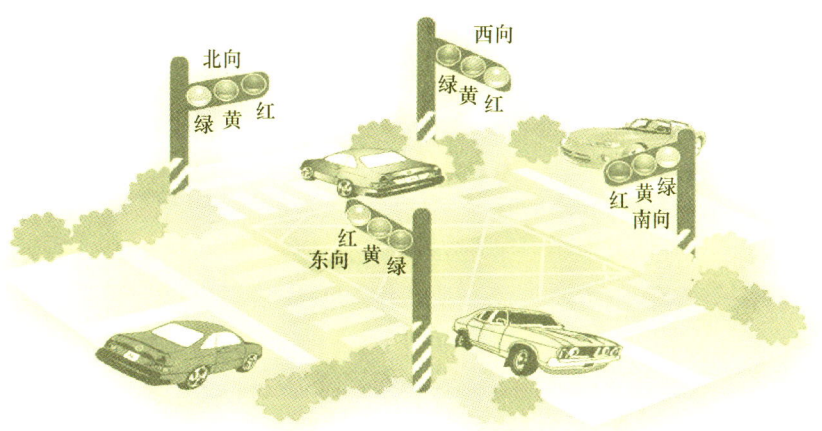

图 8 十字路口交通信号灯布置

记录下你的具体工作内容是什么?

二、实施过程

1. 编制十字路口交通红绿灯的 PLC 控制程序,根据实际操作和图示写出具体内容。

图 9　PLC 控制:外部接线图　　　　　图 10　梯形图程序

工作原理:

_____
_____
_____
_____
_____

调试过程:

_____
_____
_____
_____
_____

根据控制要求,选择合适的低压电器,并填写表 4、表 5。

表 4　低压电器选择

代号	名称	型号	规格	数量
PLC				
SB				
QF				
HL				

表5　输入/输出分配表

输入部分		输出部分	
输入元件	PLC 编程元件/作用	输出元件	PLC 编程元件/作用
SB1		七段数码管	
SB2		LED0	
		LED1	
		LED2	
		LED3	
		LED4	
		LED5	

2. 每日 6S 检查项目。

表6　每日 6S 检查项目

检查项目	工位号	检查情况	日期	检查人
整理				
整顿				
清扫				
清洁				
素养				
安全				

任务交验

表7　十字路口交通信号灯的 PLC 控制实训评价表

序号	考核项目	具体要求指标	配分	得分
1	准备工作	PLC 编程软件和材料是否准备齐全	10	
2	十字路口交通信号灯的 PLC 控制	准确使用 PLC 编程软件编写要求程序，连接外部导线，通电运行	60	
3	成功率	程序是否按要求调试、运行	10	
4	安全	是否安全操作，无意外发生	10	
5	卫生	操作结束后，工具是否摆放整齐，废料和垃圾是否清理干净	10	
		合计	100	
简要评价（含个人德育、学习、劳动、审美、体育）			学生小组签名	

任务评价

表8 学习活动综合评价表

学习活动_____ 学生姓名_____ 学号_____

评价项目	评价要点	配分	得分
平时表现评价	出勤情况、工装穿戴情况	10	
平时表现评价	纪律情况、学习主动性	10	
平时表现评价	6S执行情况	10	
综合能力评价	是否能够积极查询资料完成思考内容	20	
综合能力评价	是否正确完成计划和学习任务的制定	10	
综合能力评价	计划实施：是否正确完成和执行计划	10	
综合能力评价	调试和检修：是否能够正确调试和检修	20	
情感态度评价	团队合作、互动与创新情况	5	
情感态度评价	实践动手操作的兴趣、态度、积极性	5	
合计		100	

简要评述（素质教育）　　　　　　　　　　　　　教师签名

小知识

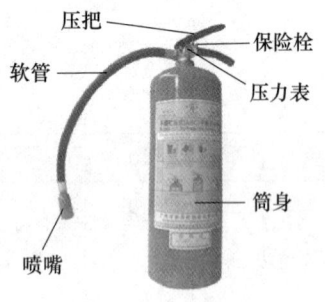

干粉灭火器：适用于扑救各种易燃、可燃液体和易燃、可燃气体火灾，以及电器设备火灾。
使用说明：
1.右手拖着压把，左手拖着灭火器底部，轻轻取下灭火器。
2.右手提着灭火器到现场。
3.除掉铅封。
4.拔掉保险销。
5.左手握着喷管，右手提着压把。
6.在上风口，距离火焰两米的地方，右手用力压下压把，左手拿着喷管左右摆动，喷射干粉覆盖整个燃烧区。

图11 灭火器简介

学习活动二　　工作总结与评价

任务目标

1. 能掌握比较指令的编程格式及应用。
2. 能掌握十字路口交通信号灯的 PLC 控制。
3. 养成爱护器材、工具和仪表的习惯，做到工具有序放置及实训场地随时清整。

任务时间

2 课时。

任务汇报

一、训练汇报

以小组为单位，选择成员进行十字路口红绿灯的 PLC 控制的操作过程演示，并简要说明操作过程中的经验和体会。汇报的内容应包括：1. 学到了什么？2. 是否存在问题？若有问题，是什么问题？是什么原因导致的？下次该如何避免？

表1　训练汇报内容

汇报人	汇报内容	值得学习的地方	还需改进的地方

二、任务综合评价

表 2　学习任务六　十字路口交通红绿灯的 PLC 控制综合评价表

被评价人			评价时间			
评价项目	评价内容	评价标准	评价方式			
			自我评价	小组评价	教师评价	
劳动素养	安全意识责任意识	A 作风严谨、自觉遵章守纪、出色地完成工作任务 B 能够遵守规章制度、较好地完成工作任务 C 遵守规章制度、没完成工作任务，或虽完成工作任务但未严格遵守规章制度 D 不遵守规章制度、没完成工作任务				
职业素养	学习态度	A 积极参与教学活动，全勤 B 缺勤达本任务总学时的 10% C 缺勤达本任务总学时的 20% D 缺勤达本任务总学时的 30%				
	团队合作意识	A 与同学协作融洽、团队合作意识强 B 与同学能沟通、协同工作能力较强 C 与同学能沟通、协同工作能力一般 D 与同学沟通困难、协同工作能力较差				
专业能力	学习活动 1 十字路口交通信号灯的 PLC 控制	A 按时、完整地完成工作页，问题回答正确，数据记录准确完整 B 按时、完整地完成工作页，问题回答基本正确，数据记录基本准确 C 未能按时完成工作页，或内容遗漏、错误较多 D 未完成工作页				
	学习活动 2 工作总结与评价	A 学习活动评价成绩为 90～100 分 B 学习活动评价成绩为 75～89 分 C 学习活动评价成绩为 60～74 分 D 学习活动评价成绩为 0～59 分				
评价人签字						
创新能力		学习过程中提出具有创新性、可行性的建议	加分奖励：			
指导教师			日期			

学习任务七　气动系统的 PLC 控制

任务目标

1. 能掌握气动机械臂运动的 PLC 控制。
2. 能掌握机械手的 PLC 控制。

任务时间

48 课时。

任务工作情境

随着科技水平的日新月异，市场竞争也越来越激烈，尤其在一些材料分拣的企业，以往一直采用人工分拣的方式，致使生产效率低，生产成本高，企业的竞争能力差，因此企业迫切地需要改进生产技术，从而提高生产效率。PLC 控制气动系统应用到物料分拣中，能连续、大批量地分拣货物，大大提高了劳动生产率。党的二十大提出"推进职普融通、产教融合、科教融汇，优化职业教育类型定位"。我们厂中校实习的同学们，不仅学习理论知识，在操作台上模拟生产操作，还在生产线亲自参与 PLC 控制设备生产。此举让学生从理论到实践再到生产，全面掌握 PLC 编程知识，是"推进职普融通、产教融合、科教融汇，优化职业教育"的一个尝试。通过对 PLC 控制气动系统的学习，能较好地达到上述目的。

任务工作流程与活动

1. 气动机械臂运动的 PLC 控制。
2. 机械手的 PLC 控制。
3. 工作总结与评价。

学习活动一　气动机械臂运动的 PLC 控制

任务目标

1. 能掌握磁性开关的原理和安装要求。
2. 能掌握左移和右移、循环左移和循环右移等指令的功能及应用。
3. 能掌握用左移和右移、循环左移和循环右移等指令编程的方法。
4. 根据要求编写 PLC 程序并安装、调试及运行。

5. 能掌握气动机械臂运动的 PLC 控制及运行。

任务时间

24 课时。

任务策划

一、任务要求

在企业生产中,气动机械臂的应用非常广泛。随着科技发展,PLC 技术应用到气动机械臂的控制中使运行更加方便灵活。通过本任务的学习,让学生掌握基本气动机械臂电路的 PLC 控制要求以适应企业需求。任务要求如下:现有某抓物机械臂,启动后下行到达抓取位置,停留 2 秒,然后抓取物品上行,到达放货位置后,停留 2 秒,放下货物,循环进行这个过程,直到按下停止按钮。试设计 PLC 程序并安装、调试及运行。

图 1　气动机械臂 1

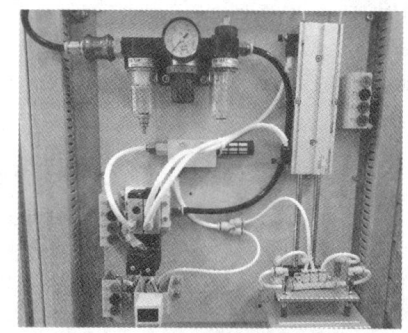

图 2　气动机械臂 2

二、任务分析

表 1　任务分析及任务计划书

项　目	
任务分析	
任务计划	
成　员	

任务准备

一、磁性开关

磁性开关是气动系统最常用的一种非接触式位置检测开关，这种非接触位置检测不会磨损和损伤检测对象，且响应速度快。磁性开关的检测对象必须是磁性物体，开关内部含有磁敏元件，当有磁性物体接近磁性开关传感器时，传感器动作，并输出开关信号。常用磁性开关外形和电气符号如图3所示。

图3　磁性开关实物图及电气图形符号

磁性开关一般是和磁性气缸配套使用。例如，在气缸的活塞或活塞杆（被测物体）上安装一个永久性的磁环，在气缸缸筒外面的两端各安装一个磁性开关。当活塞往复运动时，永久性磁环也一起运动，气缸的活塞杆运动到哪一端，哪一端的磁性开关就检测到永久性磁环，并发出一个电信号。利用这两个磁性开关就可以分别标识气缸运动的两个极限位置（缩回限位和伸出限位）。在气动机械的控制中，可以利用磁性开关的信号判断气缸的运动状态或所处的位置，以确定工件是否被夹紧或气缸是否返回。

二、移位指令及其使用

移位指令常应用于一个数字量输出点对应多个相对固定的顺序动作的控制，如PLC控制机械手、交通灯等。

1. 左移和右移指令

根据所移位数的长度不同，左移和右移指令又可分为字节型、字型、双字型。移位数据存储单元的移出端与溢出标志位（SM1.1）相连，移出的位进入SM1.1位存储单元，另一端自动补0。

表2　左移和右移指令

指令	移位前	移位后
左移位	SM1.1 □ ← 1000 1010 0101 0011 ← 0	SM1.1 1 ← 0001 0100 1010 0110 ← 0
右移位	0 → 1000 1010 0101 0011 → □ SM1.1	0 → 0100 0101 0010 1001 → 1 SM1.1

移位次数与移位数据的长度有关，如果所需要移位次数大于移位数据的位数，则超过的次数无效。例如，字节左移时，若移位次数设置为10，则指令实际执行的结果是移位8次，而不是设定的10次。如果移位操作使数据变为0，则零存储器标志位SM1.0自动置位。

表 3　指令格式

指令格式	字节移位		字移位		双字移位	
	SHL_B 字节左移	SHR_B 字节右移	SHL_W 字左移	SHR_W 字右移	SHL_DW 双字左移	SHR_DW 双字右移

(1) 字节移位指令

字节移位指令分为字节左移和字节右移指令。使能输入有效时，把字节型输入数据 IN 左移或右移 N 位后，再将结果输出到 OUT 所指的字节存储单元。最大实际可移位次数为 8。

字节移位的数据类型输入与输出均为字节。

设 VB0＝0011 0101，试分析执行程序后，VB0、SM1.0 和 SM1.1 中的数值变化过程。

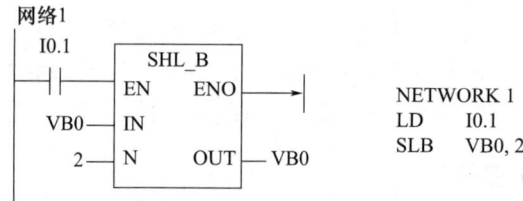

本程序对 VB0 进行 2 次左移位，移位前 VB0 的值为：0011 0101。

表 4　2 次左移位后 VB0 值

第一次左移位后	第二次左移位后
SM1.1　VB0　0 ← 0110 1010	SM1.1　VB0　0 ← 1100 0100

完成移位后，因 VB0 不为 0，所以零存储器标志位 SM1.0＝0；VB0 最后一次被移出的位为 0，因此 SM1.1＝0。

例题：编写用移位指令控制 6 盏灯跑马灯式点亮的程序，要求按下启动按钮后，6 盏灯逐次单个点亮，间隔时间为 1 秒，最后一盏灯点亮后，第一盏灯又开始点亮，并如此循环。按下停止按钮，系统停止工作。

温馨提示：每盏灯对应一个存储单元的位，每位的状态依次由"0"变为"1"，在下一位状态变为"1"时，前一位状态变为"0"。用字节移位指令可实现该控制功能。启动开始时，字节型输入数据为 1，在移位执行时，数据变为 0；当最后一位变为 1 时，字节型输入数据又变为 1。

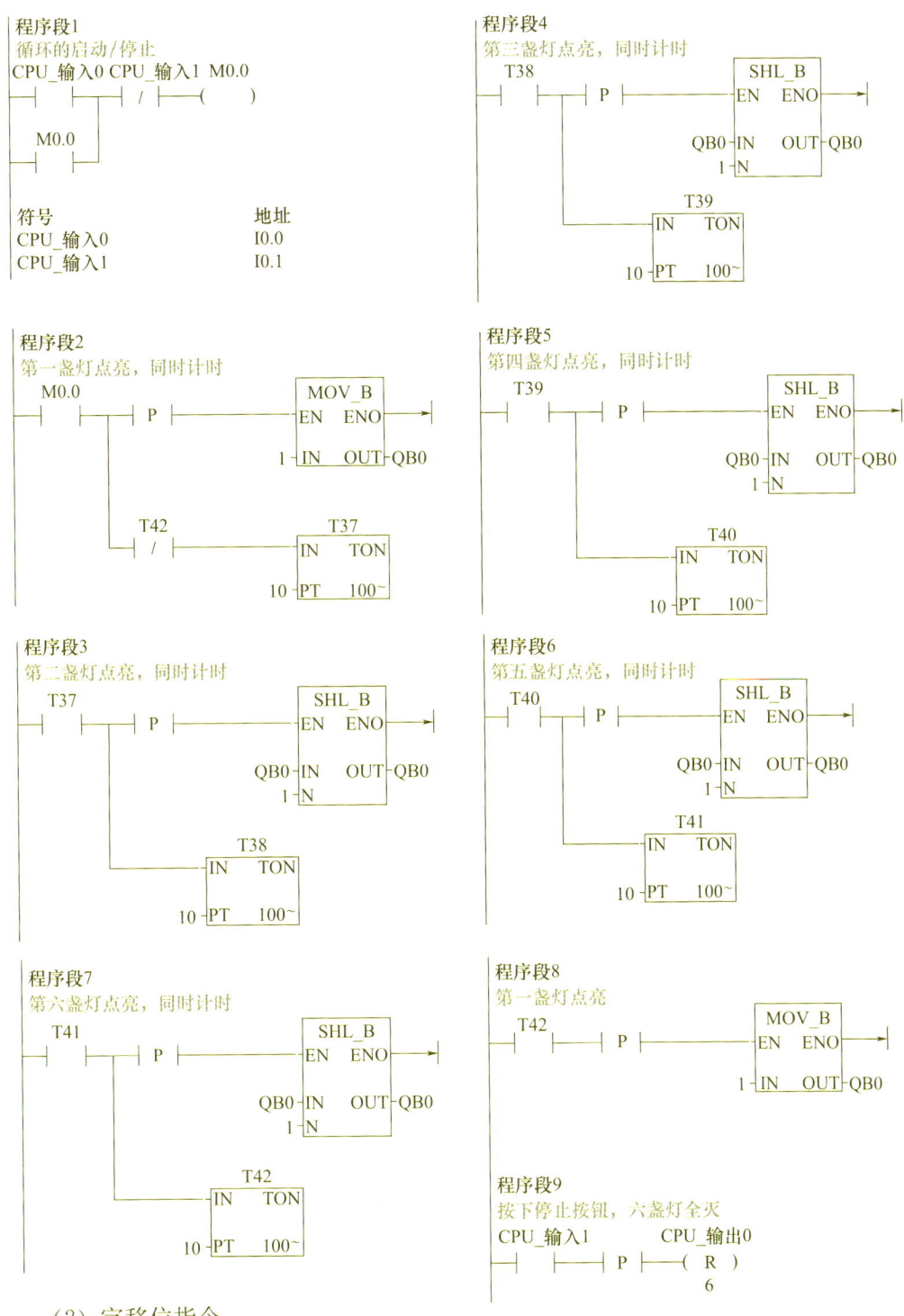

(2) 字移位指令

字移位指令分为字左移和字右移指令。使能输入有效时，把字型输入数据 IN 左移或右移 N 位后，再将结果输出到 OUT 所指的字存储单元。最大实际可移位次数为 16。

字移位的数据类型输入与输出均为字。

设 VW20=0011 0101 0110 1001，试分析执行程序后，VW20、SM1.0 和 SM1.1 中的数值变化过程。

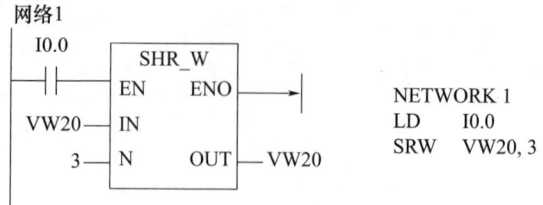

本程序对 VW200 进行 3 次右移位,移位前 VW200 值为:0011 0101 0110 1001。

表5　3次右移位后 VW200 值

第一次右移位后	第二次右移位后	第三次右移位后
VW200: 0001 1010 1011 0100　SM1.1: 1	VW200: 0000 1101 0101 1010　SM1.1: 0	VW200: 0000 0110 1010 1101　SM1.1: 0

完成移位后,SM1.0=0,SM1.1=0。

（3）双字移位指令

分为双字左移和双字右移指令。使能输入有效时,把双字型输入数据 IN 左移或右移 N 位后,再将结果输出到 OUT 所指的双字存储单元。最大实际可移位次数为 32。双字移位的数据类型输入与输出均为双字。

2. 循环左移和循环右移指令

根据所循环移位数的长度不同,循环左移和循环右移指令又可分为:字节型、字型、双字型。移位数据存储单元的移出端与另一端相连,同时又与溢出标志位（SM1.1）相连,最后被移出的位进入另一端,也被放到 SM1.1 位存储单元。

表6　循环左移和循环右移指令

循环左移位	循环右移位
1000 1010 0101 0011 ←	→ 1000 1010 0101 0011

温馨提示：移位次数与移位数据的长度有关,如果所需要移位次数大于移位数据的位数,则在执行循环移位之前,系统先对设定值取以数据长度为底的模,用小于数据长度的结果作为实际循环移位的次数。

（1）字节循环移位指令

分为字节左移和字节右移指令。使能输入有效时,把字节型输入数据 IN 循环左移或循环右移 N 位后,再将结果输出到 OUT 所指的字节存储单元。实际移位次数为设定值取以 8 为底的模所得的结果。

字节移位的数据类型输入与输出均为字节。

设 AC0=1010 0110,试分析执行程序后,AC0、SM1.0 和 SM1.1 中的数值变化过程。

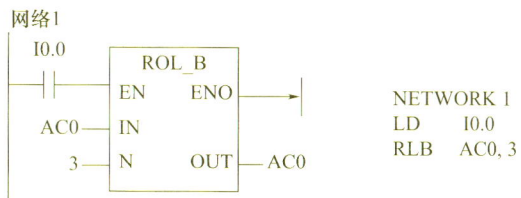

本程序对 AC0 进行 3 次循环左移位，移位前 AC0 的值为：1010 1001。

表7　3次循环左移位

第一次循环左移位后	第二次循环左移位后	第三次循环左移位后
0101 0011	1010 0110	0100 1101

完成循环移位后，SM1.0＝0，SM1.1＝1。

（2）字循环移位指令

分为字循环左移和字循环右移指令。使能输入有效时，把字型输入数据 IN 循环左移或循环右移 N 位后，再将结果输出到 OUT 所指的字存储单元。实际移位次数为设定值取以 16 为底的模所得的结果。

字移位的数据类型输入与输出均为字。

（3）双字循环移位指令

分为双字循环左移和双字循环右移指令。使能输入有效时，把双字型输入数据 IN 循环左移或循环右移 N 位后，再将结果输出到 OUT 所指的双字存储单元。实际移位次数为设定值取以 32 为底的模所得的结果。

双字移位的数据类型输入与输出均为双字。

思考回答：你觉得实训中需要用到哪些 PLC 元器件和操作指令？

任务执行

一、实施阶段

现有某抓物机械臂，设计由 PLC 来控制运行，启动后下行到达抓取位置，停留 2 秒，然后抓取物品上行，到达放货位置后，停留 2 秒，放下货物。循环进行这个过程，直到按下停止按钮。

记录下你的具体工作内容是什么？

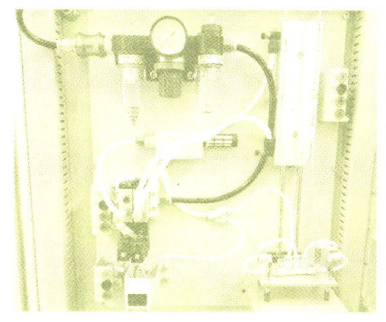

图4　某抓物机械臂

二、实施过程

1. 编制气动机械臂抓取物品自动循环的 PLC 控制程序,根据实际操作和图示写出具体内容。

图 5　PLC 控制:外部接线图　　　　　图 6　梯形图程序

工作原理:

_____
_____
_____
_____
_____
_____

根据控制要求,选择合适的低压电器,并填写下表。

表 8　低压电器选择

代号	名称	型号	规格	数量
PLC				
SB				
SQ				

表 9　输入/输出分配表

输入部分		输出部分	
输入元件	PLC 编程元件/作用	输出元件	PLC 编程元件/作用
SB1		电磁阀 YV1	
SB2		电磁阀 YV2	
SQ1			
SQ2			

2. 每日 6S 检查项目。

表 10　每日 6S 检查项目

检查项目	工位号	检查情况	日期	检查人
整理				
整顿				
清扫				
清洁				
素养				
安全				

任务交验

表 11　气动机械臂运动的 PLC 控制实训评价表

序号	考核项目	具体要求指标	配分	得分
1	准备工作	PLC 编程软件和材料是否准备齐全	10	
2	气动机械臂运动的 PLC 控制	准确使用 PLC 编程软件编写要求程序，连接外部导线，通电运行	60	
3	成功率	程序是否按要求调试，运行	10	
4	安全	是否安全操作，无意外发生	10	
5	卫生	操作结束后，工具是否摆放整齐，废料和垃圾是否清理干净	10	
		合计	100	
简要评价（含个人德育、学习、劳动、审美、体育）			学生小组签名	

小知识

接近式位置开关：接近式位置开关是一种非接触式的位置开关，简称接近开关。它由感应头、高频振荡器、放大器和外壳组成，利用其对接近物体的敏感特性达到控制开关通或断的目的。当运动部件与接近开关的感应头接近时，就使其输出一个电信号。接近开关一般可分为电感式和电容式两种。

📀 任务评价

表 12 学习活动综合评价表

学习活动_____ 学生姓名_____ 学号_____

评价项目	评 价 要 点	配分	得分
平时表现评价	出勤情况、工装穿戴情况	10	
	纪律情况、学习主动性	10	
	6S 执行情况	10	
综合能力评价	是否能够积极查询资料完成思考内容	20	
	是否正确完成计划和学习任务的制定	10	
	计划实施：是否正确完成和执行计划	10	
	调试和检修：是否能够正确调试和检修	20	
情感态度评价	团队合作、互动与创新情况	5	
	实践动手操作的兴趣、态度、积极性	5	
	合计	100	

简要评述（素质教育）	教师签名

📀 小知识

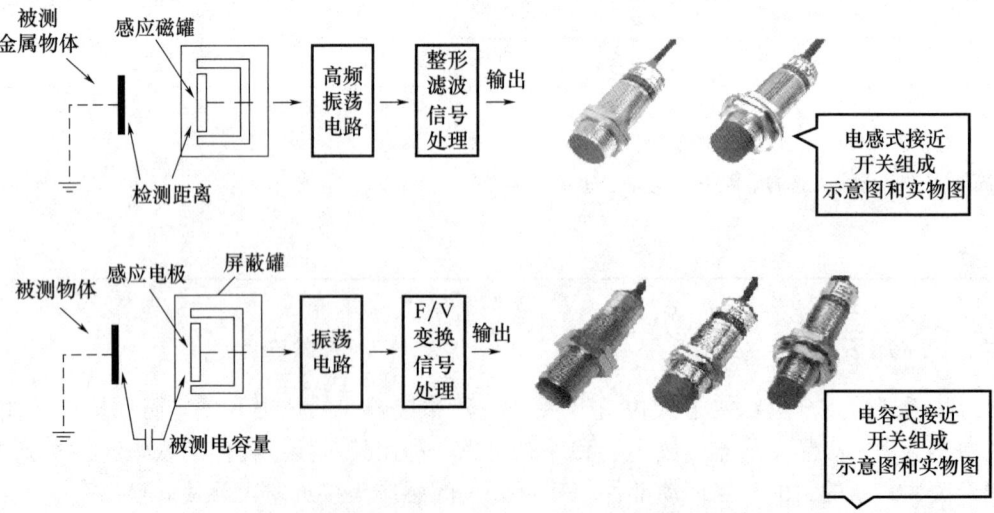

图 7 电容式和电感式接近开关组成示意图和实物图

学习活动二 机械手的 PLC 控制

任务目标

1. 能掌握寄存器移位等指令的功能及应用。
2. 能掌握用寄存器移位等指令编程的方法。
3. 能根据要求编写 PLC 程序,并安装、调试及运行。
4. 能掌握机械手运动的 PLC 控制及运行。

任务时间

22 课时。

任务策划

一、任务要求

PLC 控制机械手将工件从 A 处搬送到 B 处。要求如下:

1. 上电时,机械手处在初始状态(原位),水平臂、垂直臂缩回,手爪松开,原位指示灯 HL 点亮。

2. 按下"SB1"启动按钮,机械手从原位开始按以下顺序进行动作:①下降→②夹紧工件 3 秒→③上升→④伸出→⑤下降→⑥松开工件 2 秒→⑦上升→⑧缩回,回到原位后,再次循环运行。按下"SB2"停止按钮,运行停止。

3. 极限位置分别用磁性位置开关来检测,下极限位置 SQ1、上极限位置 SQ2、右极限位置 SQ3、左极限位置 SQ4。试设计 PLC 控制程序并调试运行。

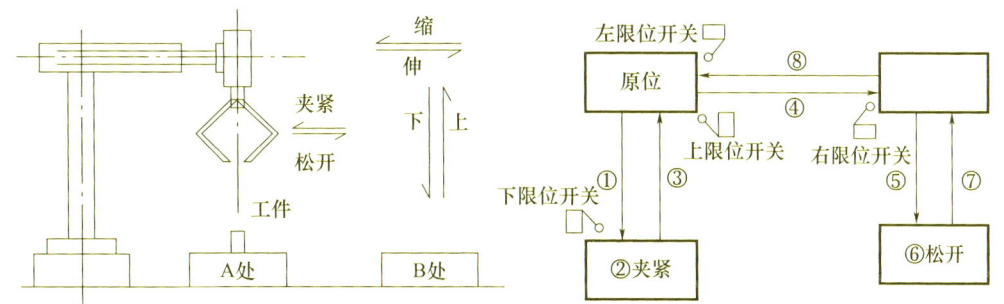

图 1　PLC 控制机械手工作示意

二、任务分析

表 1　任务分析及任务计划书

项　目	
任务分析	

续表

项　　目	
任务计划	
成　　员	

任务准备

掌握寄存器移位指令及其使用。

寄存器移位指令所实现的操作是在移位控制信息的作用下，将数据输入端的信号依次送入参加移位的寄存器之中，这些信号在参加移位的寄存器中依次移动，就可以实现按控制信号的顺序进行顺序控制。

表 2　寄存器移位指令

移位寄存器指令符号	数据输入端 1	数据输入端 2	数据输入端 3
SHRB —EN　ENO— —DATA —S_BIT —N	DATA 为数据输入，移位时将该位的数值移入移位寄存器	S_BIT 指定移位寄存器的最低位	N 指定移位寄存器的长度和移位方向

注意：N 为正值时，进行正向移位，即移位是从最低字节的最低位（S_BIT）移入，从最高字节的最高位移出；N 为负值时，进行反向移位，即移位是从最高字节的最高位移入，从最低字节的最低位（S_BIT）移出。

寄存器移位指令的应用如下。

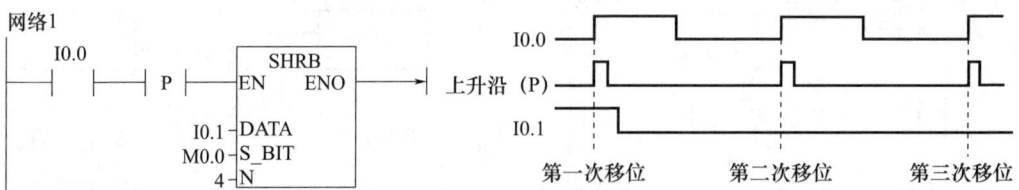

表 3　各存储单元状态表

移位次数	I0.1	M0.0	M0.1	M0.2	M0.3
0（移位前）	1	1	0	1	0
1（第一次移位后）	1	1	1	0	1
第二次移位前	0	1	1	0	1
2（第二次移位后）	0	0	1	1	0
第三次移位前	0	0	1	1	0
3（第三次移位后）	0	0	0	1	1

例1：编写用寄存器移位指令控制流水灯的程序，要求按下启动按钮后，6盏灯逐个点亮并保持，全亮后又逐个顺次熄灭，逐个点亮与熄灭间隔时间均为1秒，并如此循环工作。按下停止按钮，6盏灯立即全部熄灭。

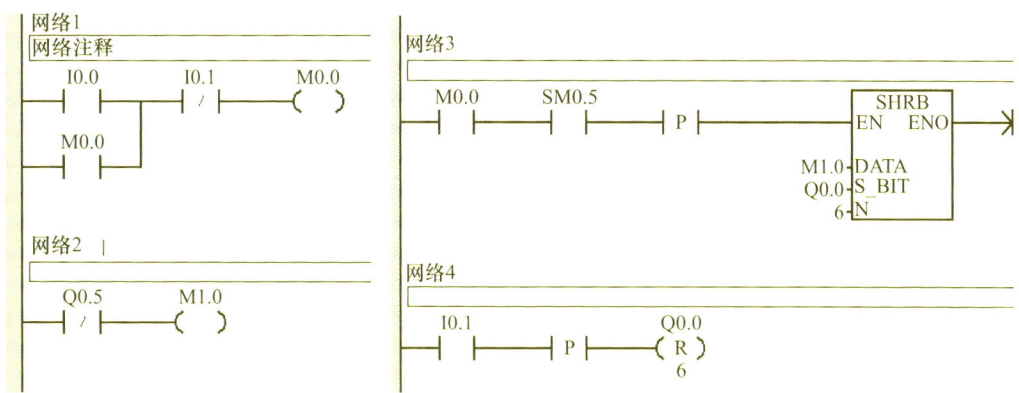

提示：M1.0开机接通，当按下启动按钮时，M0.0通电并保持接通状态；SM0.5为1s周期的时钟脉冲，在每个1s的上升沿使寄存器移位1次，把M1.0的状态依次移位到Q0.0～Q0.5，使6个指示灯依次点亮；当最后一盏灯Q0.5点亮时，M1.0断电，在移位脉冲作用下，M1.0的状态又依次移位到Q0.0～Q0.5，使6个指示灯依次熄灭，如此循环工作。按下停止按钮，6个输出继电器Q0.0～Q0.5全部复位，6盏灯全部熄灭。

例2：在传送带上传送与分拣黑白两种颜色的物料。当检测光电开关检测到A处有物料时，电动机开始带动传送带向右运动；检测到B处有物料时，物料由气缸1推入出料槽1中，C处有物料时，物料由气缸2推入出料槽2中。

要求：出料槽中的物料要一黑一白按顺序排列，当出料槽1装满6个后再装入出料槽2中；不满足要求的物料，由传送带继续传送到终点落到废品箱内。

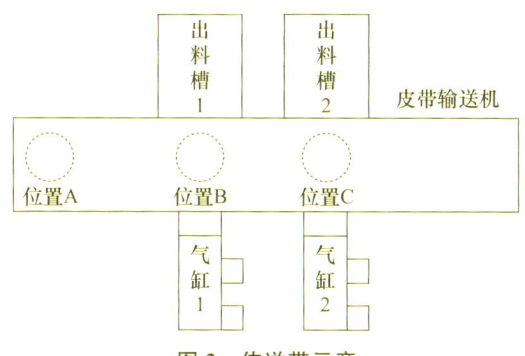

图2 传送带示意

表4 输入/输出分配表

输入部分		输出部分	
输入元件	PLC编程元件/作用	输出元件	PLC编程元件/作用
按钮SB1	I0.0/启动按钮	KM	Q0.0/控制电动机
按钮SB2	I0.1/停止按钮	YV1	Q0.1/气缸1电磁阀
S1	I0.2/A处来料检测开关	YV2	Q0.2/气缸2电磁阀

续表

输入部分		输出部分	
输入元件	PLC 编程元件/作用	输出元件	PLC 编程元件/作用
S2	I0.3/B 处检测黑色物料		
S3	I0.4/B 处检测白色物料		
S4	I0.5/C 处检测黑色物料		
S5	I0.6/C 处检测白色物料		
S6	I0.7/气缸 1 极限开关		
S7	I1.0/气缸 2 极限开关		

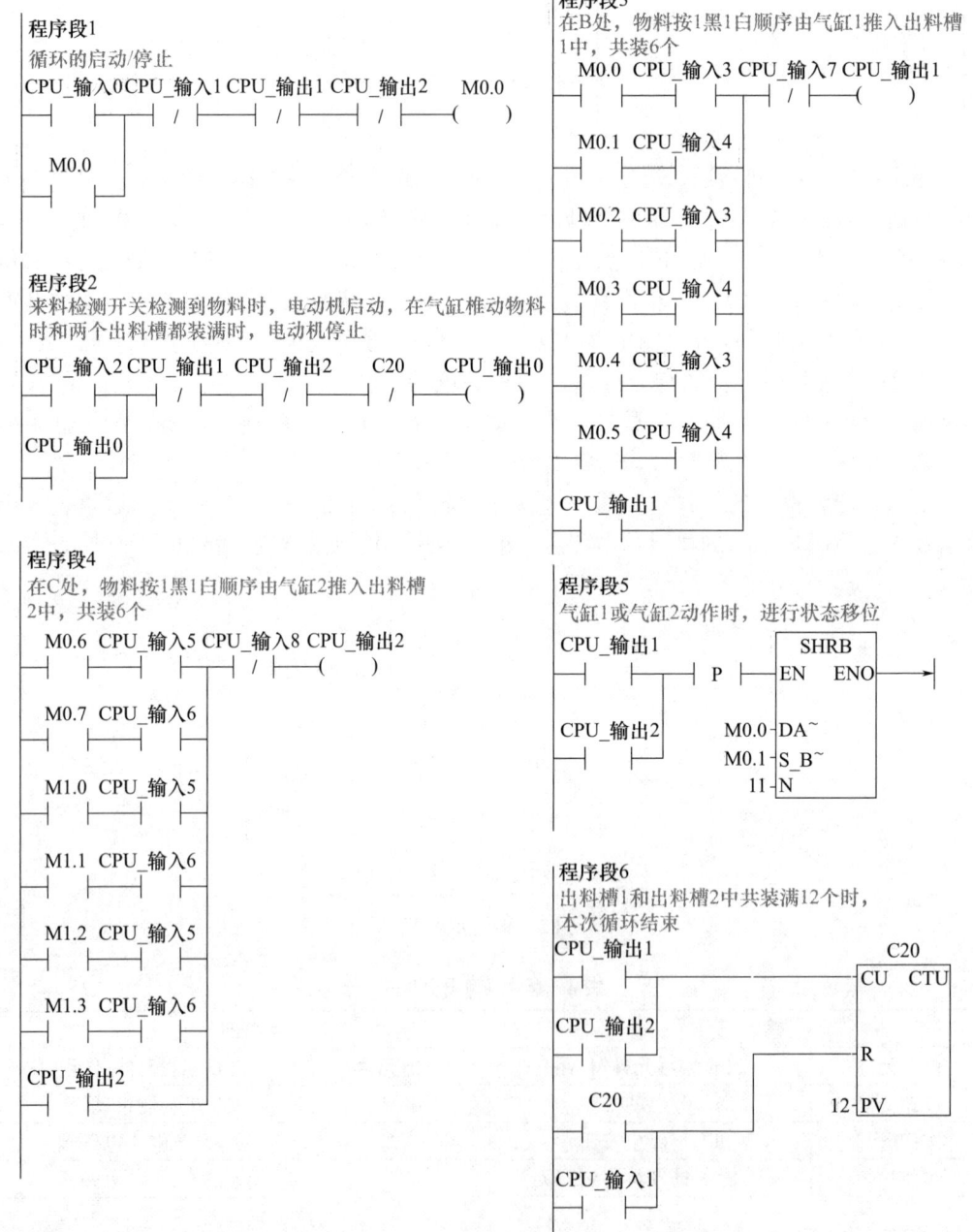

思考回答 1. 你觉得实训编程中需要用到哪些指令?

思考回答 2. 编写用寄存器移位指令控制 6 盏灯跑马灯式点亮的程序,要求:按下启动按钮后,6 盏灯逐次单个点亮,间隔时间为 1 秒,最后一盏灯点亮后,第一盏灯又开始点亮,并如此循环。按下停止按钮,系统停止工作。

任务执行

一、实施阶段

实施机械手的 PLC 控制,PLC 控制机械手将工件从 A 处搬送到 B 处。

1. 上电时,机械手处在初始状态(原位),水平臂、垂直臂缩回,手爪松开,原位指示灯 HL 点亮。

2. 按下"SB1"启动按钮,机械手从原位开始按以下顺序进行动作:①下降→②夹紧工件 3 秒→③上升→④伸出→⑤下降→⑥松开工件 2 秒→⑦上升→⑧缩回,回到原位后,再次循环运行。按下"SB2"停止按钮,系统停止运行。

3. 极限位置分别用磁性位置开关来检测,下极限位置 SQ1、上极限位置 SQ2、右极限位置 SQ3、左极限位置 SQ4。

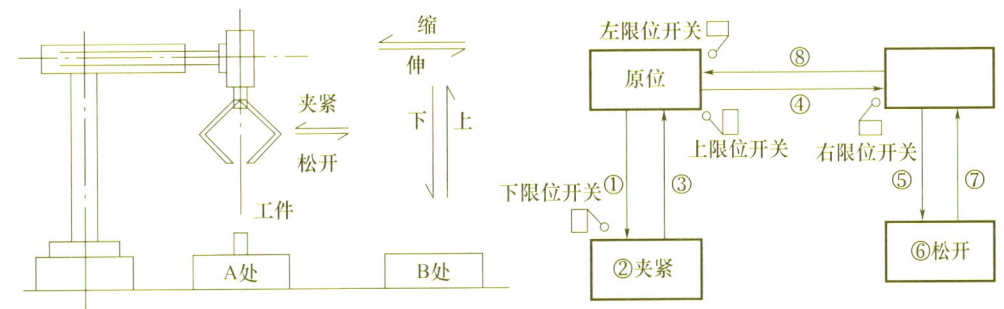

图 3 PLC 控制机械手工作示意

记录下你的具体工作内容是什么?

二、实施过程

1. 编制机械手的 PLC 控制程序,根据实际操作和图示写出具体操作内容。

图 4　PLC 控制:外部接线图　　　　图 5　梯形图程序

根据控制要求,选择合适的低压电器,并填写表 5、表 6。

表 5　低压电器选择

代号	名称	型号	规格	数量
PLC				
SB				
QF				
SQ				
YV				
HL				

表 6　输入/输出分配表

输入部分		输出部分	
输入元件	PLC 编程元件/作用	输出元件	PLC 编程元件/作用
SB1		YV1	
SB2		YV2	
SQ1		YV3	
SQ2		YV4	
SQ3		YV5	
SQ4		HL	

2. 每日 6S 检查项目。

表 7　每日 6S 检查项目

检查项目	工位号	检查情况	日期	检查人
整理				
整顿				

续表

检查项目	工位号	检查情况	日期	检查人
清扫				
清洁				
素养				
安全				

任务交验

表8　机械手的PLC控制实训评价表

序号	考核项目	具体要求指标	配分	得分
1	准备工作	PLC编程软件和材料是否准备齐全	10	
2	机械手的PLC控制	准确使用PLC编程软件编写要求程序，连接外部导线，通电运行	60	
3	成功率	程序是否按要求调试、运行	10	
4	安全	是否安全操作，无意外发生	10	
5	卫生	操作结束后，工具是否摆放整齐，废料和垃圾是否清理干净	10	
		合计	100	
简要评价（含个人德育、学习、劳动、审美、体育）			学生小组签名	

任务评定

表9　学习活动综合评价表

学习活动_____　学生姓名_____　学号_____

评价项目	评价要点	配分	得分
平时表现评价	出勤情况、工装穿戴情况	10	
	纪律情况、学习主动性	10	
	6S执行情况	10	
综合能力评价	是否能够积极查询资料完成思考内容	20	
	是否正确完成计划和学习任务的制定	10	
	计划实施：是否正确完成和执行计划	10	
	调试和检修：是否能够正确调试和检修	20	

续表

评价项目	评价要点	配分	得分
情感态度评价	团队合作、互动与创新情况	5	
	实践动手操作的兴趣、态度、积极性	5	
合计			
简要评述（素质教育）		教师签名	

小资料

光电接近开关：光电接近开关简称光电开关，它利用光电效应，把发射端（发光器件）和接收端（光电器件）之间光的强弱变化转化为电流的变化以达到探测的目的。由于光电开关输出回路和输入回路是电气隔离的，所以它可以在许多场合得到应用。

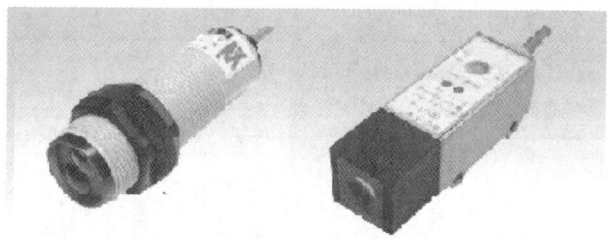

图6　镜面反射型光电开关

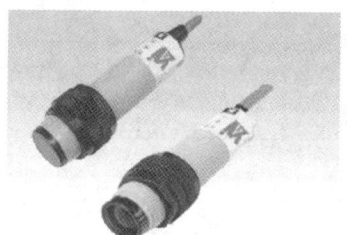

图7　对射型光电开关

学习活动三　工作总结与评价

任务目标

1. 能掌握左移和右移、循环左移和循环右移、寄存器移位等指令的功能及应用。
2. 能掌握用左移和右移、循环左移和循环右移、寄存器移位等指令编程的方法。
3. 能根据要求编写PLC程序并安装、调试及运行。
4. 能掌握气动机械臂运动的PLC控制及运行。
5. 能掌握机械手运动的PLC控制及运行。
6. 养成爱护器材、工具和仪表的习惯，做到工具有序放置及实训场地随时清整。

任务时间

4课时。

学习任务七 气动系统的 PLC 控制

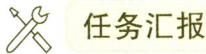 任务汇报

一、训练汇报

以小组为单位,选择成员进行气动机械臂运动和机械手运动的 PLC 控制的操作过程演示,并简要说明操作过程中的经验和体会。汇报的内容应包括:1. 学到了什么? 2. 是否存在问题?若有问题,是什么问题?是什么原因导致的?下次该如何避免?

表1 训练汇报内容

汇报人	汇报内容	值得学习的地方	还需改进的地方

二、任务综合评价

表 2　学习任务七　气动系统的 PLC 控制综合评价表

被评价人			评价时间			
评价项目	评价内容	评价标准	评价方式			
			自我评价	小组评价	教师评价	
劳动素养	安全意识责任意识	A 作风严谨、自觉遵章守纪、出色地完成工作任务 B 能够遵守规章制度、较好地完成工作任务 C 遵守规章制度、没完成工作任务，或虽完成工作任务但未严格遵守规章制度 D 不遵守规章制度、没完成工作任务				
职业素养	学习态度	A 积极参与教学活动，全勤 B 缺勤达本任务总学时的 10% C 缺勤达本任务总学时的 20% D 缺勤达本任务总学时的 30%				
	团队合作意识	A 与同学协作融洽、团队合作意识强 B 与同学能沟通、协同工作能力较强 C 与同学能沟通、协同工作能力一般 D 与同学沟通困难、协同工作能力较差				
专业能力	学习活动 1 气动机械臂运动的 PLC 控制	A 按时、完整地完成工作页，问题回答正确，数据记录准确完整 B 按时、完整地完成工作页，问题回答基本正确，数据记录基本准确 C 未能按时完成工作页，或内容遗漏、错误较多 D 未完成工作页				
	学习活动 2 机械手的 PLC 控制	A 学习活动评价成绩为 90～100 分 B 学习活动评价成绩为 75～89 分 C 学习活动评价成绩为 60～74 分 D 学习活动评价成绩为 0～59 分				
	学习活动 3 工作总结与评价	A 学习活动评价成绩为 90～100 分 B 学习活动评价成绩为 75～89 分 C 学习活动评价成绩为 60～74 分 D 学习活动评价成绩为 0～59 分				
评价人签字						
创新能力		学习过程中提出具有创新性、可行性的建议	加分奖励：			
指导教师			日期			

学习任务八　触摸屏和 PLC 组态控制的综合应用

任务目标

1. 能掌握触摸屏、计算机及 PLC 组态应用。
2. 能掌握触摸屏和 PLC 组态控制在电动机电路中的应用。

任务时间

36 课时。

任务工作情境

随着科技水平的不断发展，触摸屏在我们生活和工作中的应用越来越广泛。在 PLC 的控制系统中，触摸屏是最为有效的配套产品，能够实现最简单的人机互换。因此触摸屏与 PLC 组态应用对于在厂中校实习的同学们来说，是必须要掌握的知识。

任务工作流程与活动

1. 触摸屏、计算机及 PLC 组态应用。
2. 触摸屏与 PLC 组态在电动机电路中的应用。
3. 工作总结与评价。

学习活动一　触摸屏、计算机及 PLC 组态应用

任务目标

1. 能掌握触摸屏软件使用技巧。
2. 能掌握触摸屏、计算机及 PLC 组态。
3. 能理解和掌握触摸屏、计算机及 PLC 组态应用技巧。

任务时间

16 课时。

🛠 任务策划

一、任务要求

触摸屏与 PLC 组态实现了人机之间的互动，在便捷了人们操作和使用的同时，也加强了控制的灵活性和可视化程度。本次任务需要学生熟练地掌握触摸屏、计算机及 PLC 的组态应用。任务要求：实现一个按钮控制一盏灯的亮和灭，即第一次按下按钮，灯亮；第二次按下按钮，灯灭。试用触摸屏、计算机及 PLC 组态实现应用。

二、任务分析

表 1　任务分析及任务计划书

项　目	
任务分析	
任务计划	
成　员	

🛠 任务准备

一、人机界面的概念和功能

表 2　人机界面的概念和功能

人机界面产品的定义	人机界面产品的组成	人机界面产品的基本功能
HMI（Human Machine Interface）人机界面——操作人员与机器设备之间双向沟通的桥梁。HMI 可连接 PLC 可编程控制器、变频器、仪表等工业控制器件，利用液晶显示机器设备的状态，通过触摸设置工作参数或输入操作命令，实现人与机器信息交互。	人机界面产品由硬件和软件两部分组成，硬件部分包括 CPU 处理器、LCD 显示单元、Touch Panel 触摸板、Ethernet/Serical Ports 通讯接口、数据存储单元等，其中 CPU 处理器的性能决定了 HMI 产品的性能高低，是 HMI 的核心单元。HMI 软件分为两部分，即运行于 HMI 硬件中的 OS 系统软件和运行于 PC 机 Windows 操作系统下的画面组态软件，如威纶通 Easybuilder。用户必须在电脑上先使用 EasyBuilder 组态软件制作"工程文件"，再通过 PC 机和 HMI 产品的通讯口，把编制好的"Project 工程文件"下载到 HMI 中运行。	1. 通讯连接：与各种 PLC 等控制器的连接之后，HMI 才能作用于机器设备；这些连接包括串口、现场总线、以太网等，不同的控制器有各异的通信协议，使用 HMI 上不同的驱动。 2. 功能控制：逻辑与数值运算、数据/文字的输入、元器件的控制操作、用户权限控制、报警、数据取样、操作记录、配方等功能的实现。 3. 界面交互：状态的显示，如指示灯、按钮、文字、图形、曲线等；画面的跳转、提示、现场机器设备的可视化呈现。

二、EasyBuilder 软件安装

1. 软件介绍

EasyBuilder 是中国台湾威纶科技公司开发的新一代人机界面组态软件，适用于 WEINVIEW 的所有 HMI，目前市场上主要应用的版本分别是 EasyBuilder 8000（适用于 TK 系列、I 系列产品）和 EasyBuilder Pro（适用于 IE 系列、IER 系列、eMT 系列以及 cMT 系列产品）。可登录威纶通公司网站 http://www.weinview.cn 下载所有可用软件语言版本（包括简体中文、繁体中文、英文、意大利文、韩文、西班牙文、俄罗斯文及法文版本）及最新软件信息。

2. 软件安装

第一步：双击安装程序，屏幕显示如下，根据提示选择对应语言，点击确定。

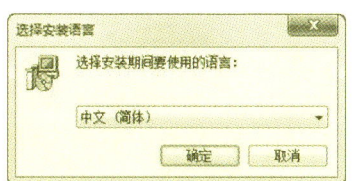

图 1　双击启动安装

第二步：进入安装向导，点击下一步。

图 2　安装向导

第三步：选择安装目录，点击下一步。

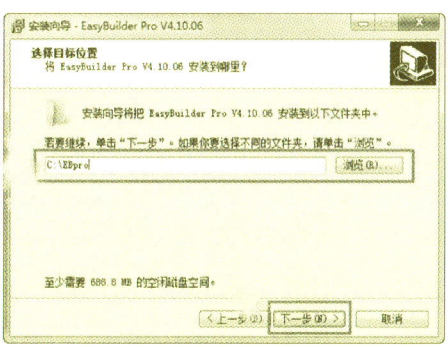

图 3　选择安装目录

第四步：创建开始程序中目录，点击下一步。

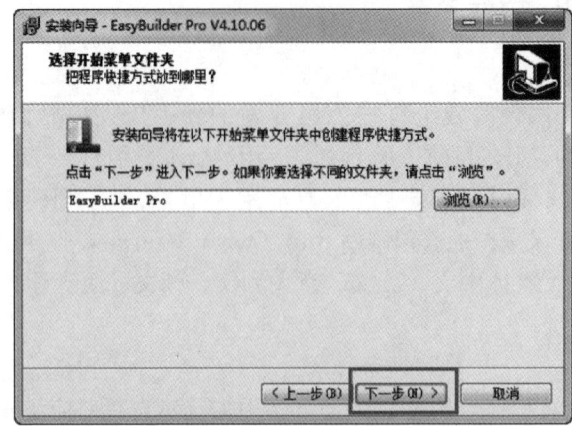

图 4　创建开始程序中目录

第五步：创建桌面图标，点击下一步。

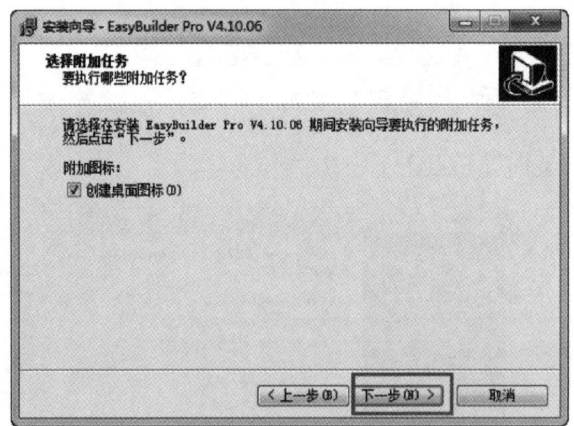

图 5　创建桌面图标

第六步：点击安装。

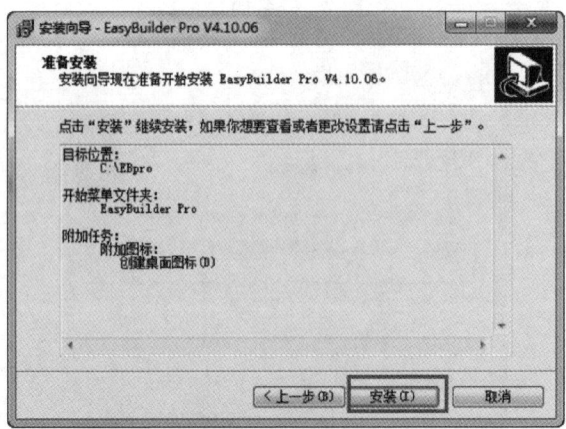

图 6　点击安装

第七步：安装完成。

图 7　安装完成

三、EasyBuilder 软件界面

1. 选择开始→程序→EasyBuilder Pro→EasyBuilder Pro，点击运行。或者运行桌面图标 Utility Manager 选择 EasyBuilder Pro 程序编辑器运行。

2. 连续点击确定进入 EasyBuilder Pro 组态编辑界面。

第一步：点击 EasyBuilder Pro。

图 8　进入软件

第二步：开启新文件。

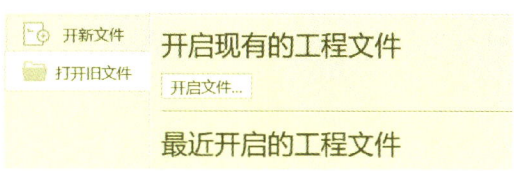

图 9　开启新文件

第三步：选择机型。

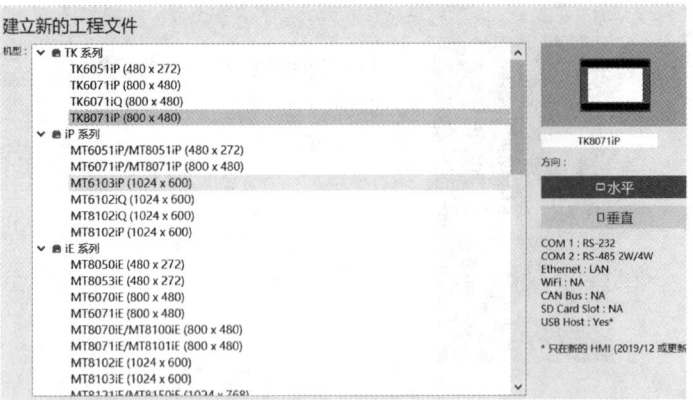

图 10　选择机型

第四步：设置系统参数。

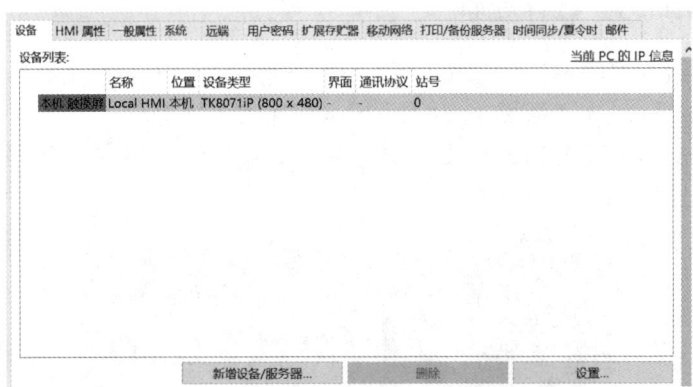

图 11　设置系统参数

第五步：打开操作界面。

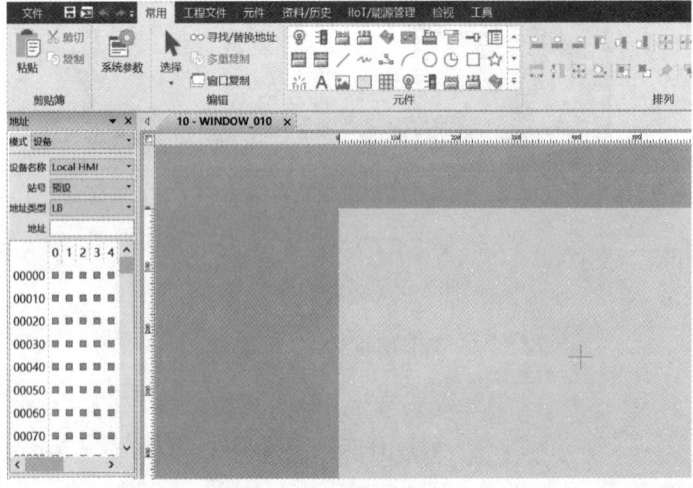

图 12　打开操作界面

第六步：练习操作。

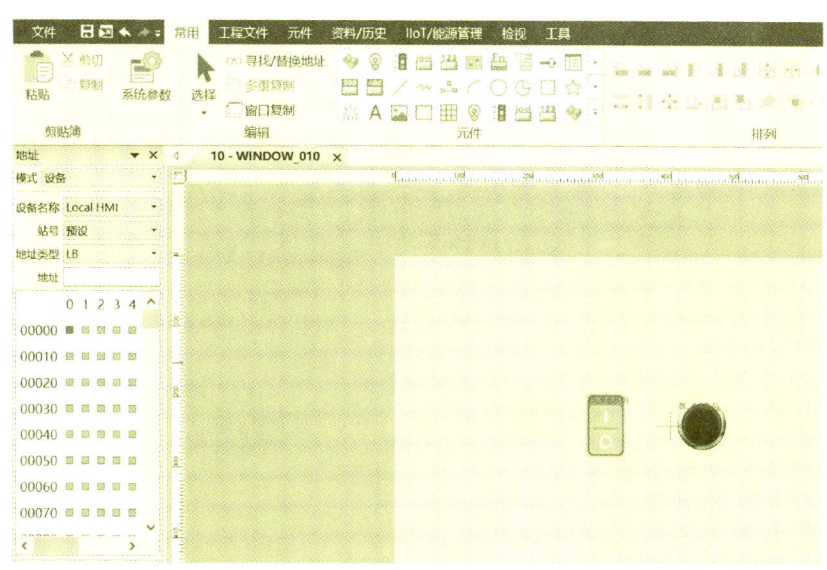

图 13　练习操作

四、触摸屏、计算机及 PLC 组态

1. 与西门子 S7-200PLC 通讯

（1）目标设备与接口。

HMI 要达成通讯的目标设备包括：PLC、变频器、伺服控制器、运动控制卡、温控器等各种带有通讯接口的设备；通讯接口分为串口（RS232、RS485 2W 两线制、RS485 4W 四线制）、现场总线 CANBUS、以太网、USB 口等多种形式。

（2）通讯协议。

包括：PPI、MPI、MODBUS 等。目前软件 EasyBuilder Pro 中已经内置了约 300 种通讯协议，支持成千上万种 PLC、变频器、伺服、仪表等控制器类型；除了同一品牌的控制器会采用同样的协议，不同品牌不同设备之间也可采用不同的通讯协议，如欧姆龙和 TRIO 控制器都可使用 Hostlink 协议，如大部分变频器、仪表都支持 MODBUS 协议。接口，好比是各种公路，从低速的串口，到高速的以太网；协议，好比是交通规则，海内外各个地方有异同；软件，好比是交通工具，运行在公路上（通过响应接口通讯），遵循交通规则（支持各异的通信协议），到达不同的目的地（实现不同的控制功能）。

（3）西门子 S7-200PLC 串口默认参数。

波特率 9600，偶校验，数据位 8 位，停止位 1 位，站号 2，接口类型 RS-485 2W。

操作步骤：

第一步：打开 PLC 的编程软件 Micro Win—系统块—通讯端口，查看 PLC 端口的波特率、PLC 地址。

第二步：打开 EasyBuilder Pro 软件，开新文件→选择 HMI 型号（MT8101IE）→选择新增设备→选择 PLC 类型为 Siemens S7-200。

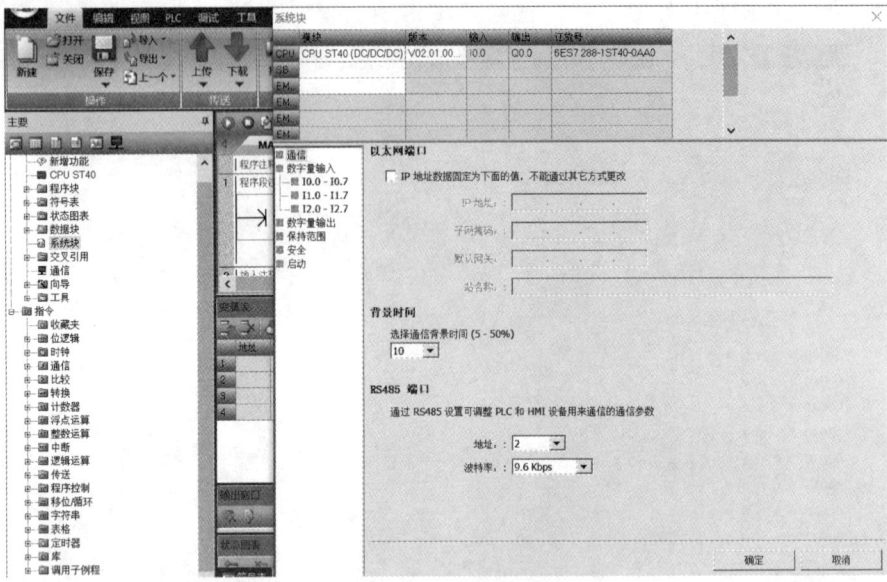

图14 第一步示意

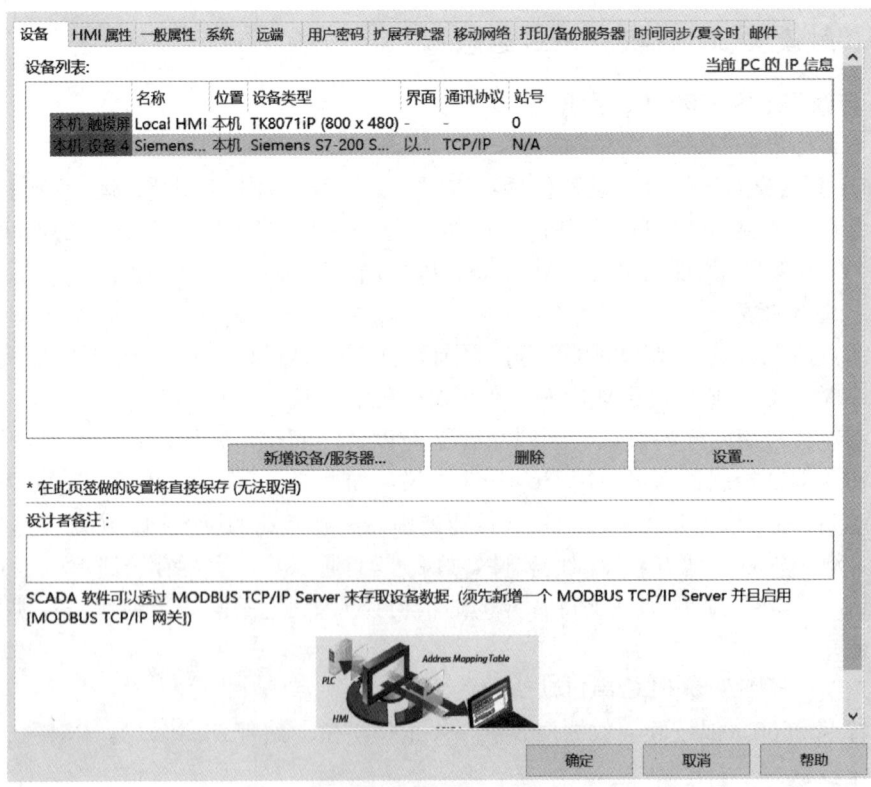

图15 第二步示意

第三步：选择设置，修改成和PLC通讯参数一致，点击确定。只有当两端参数一致才可以通讯正常；在达成正确接线和相一致的通讯参数后，就可以编写组态程序，进行通讯控制。

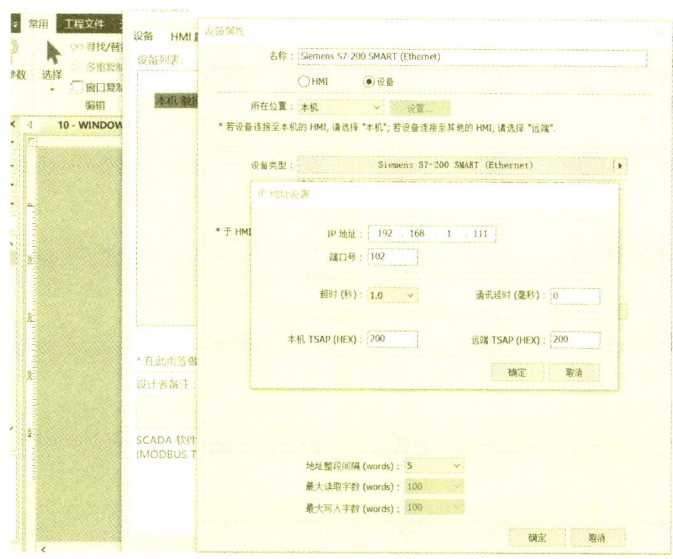

图 16　第三步示意

2. 触摸屏、计算机及 PLC 组态（以太网）

第一步：触摸屏、计算机及 PLC 通过 TP-LINK 进行通信连接。

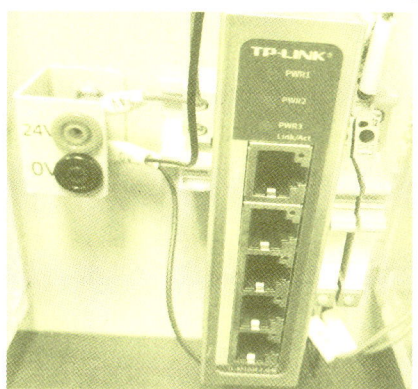

图 17　第一步：通信链接

第二步：通过点击触摸屏设置，找触摸屏的 IP 地址。

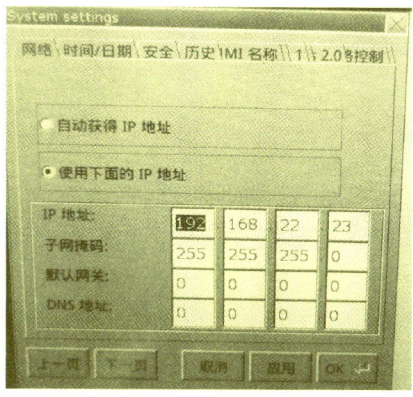

图 18　第二步：获得 IP 地址

第三步：点击 Internet 协议版本 4（TCP/IPV4），寻找计算机的 IP 地址。

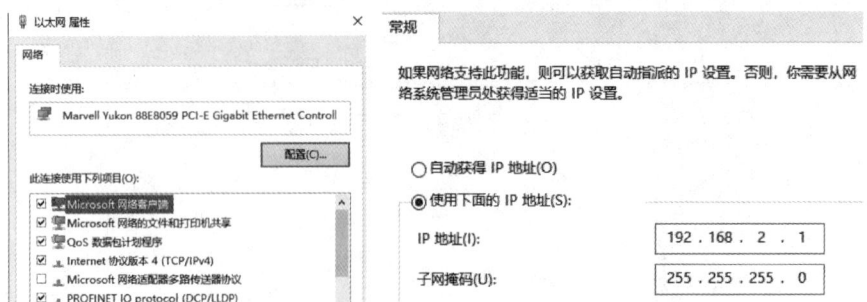

图 19　第三步：寻找计算机 IP 地址

第四步：点击通信，寻找 PLC 的 IP 地址。

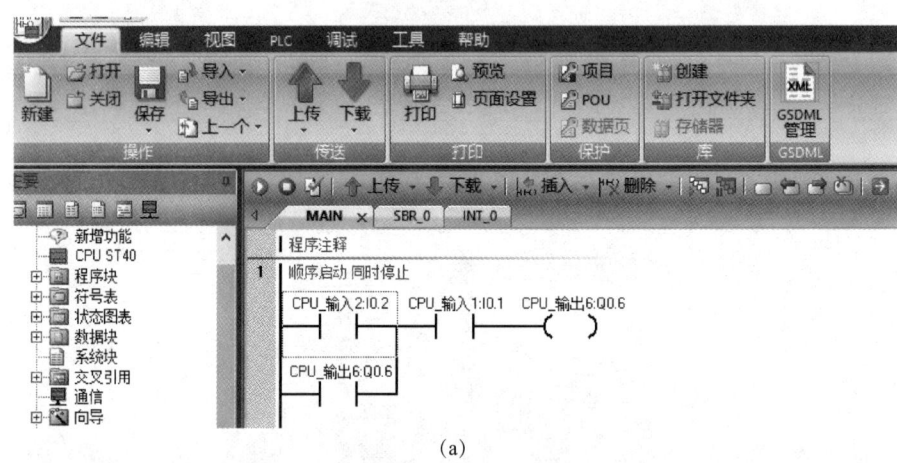

(a)

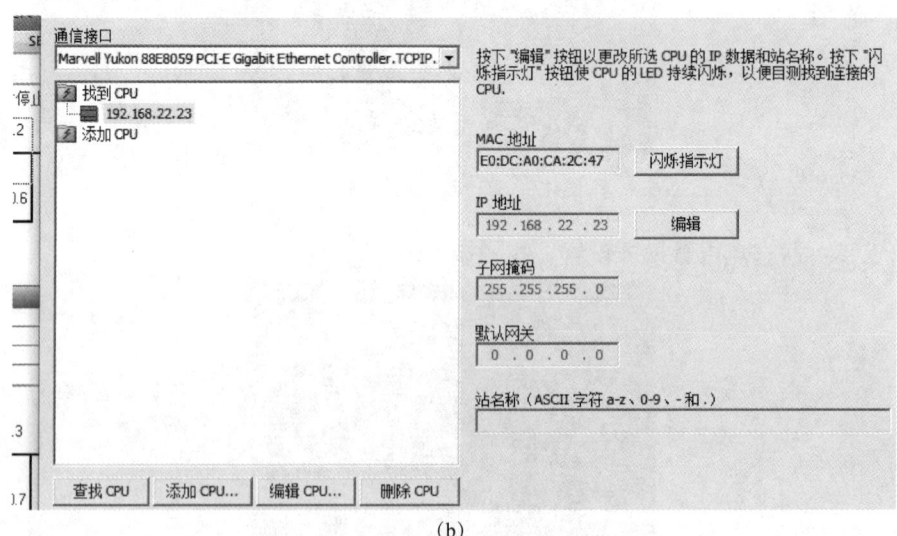

(b)

图 20　第四步：寻找 PLC 的 IP 地址

第五步：确认触摸屏、计算机及 PLC 的 IP 地址前 3 位相同，最后一位不同。

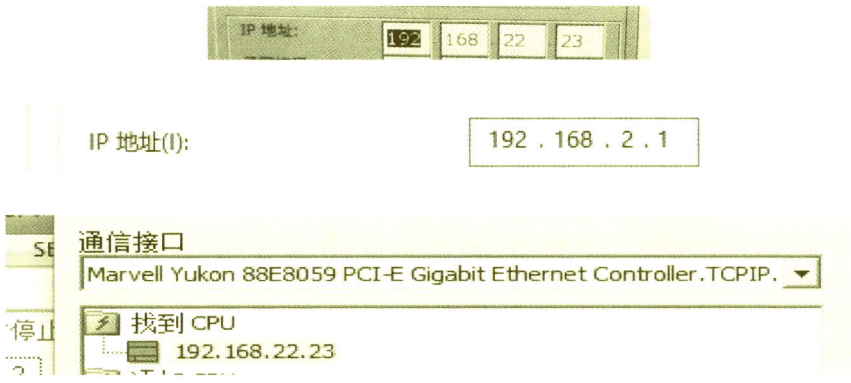

图 21 第五步：确认 IP 地址

第六步：点击 EasyBuilder Pro，进入新工程文件，设置系统参数。

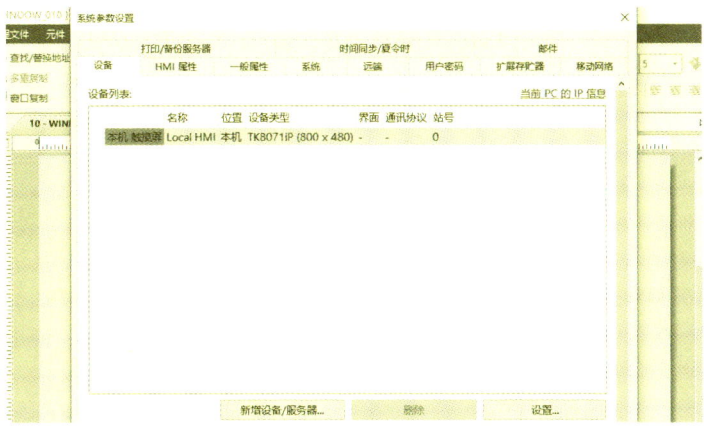

图 22 第六步：设置系统参数

第七步：触摸屏和 PLC 通信，点击增加新设备，选择设备类型，点击设置将 IP 地址设置为 PLC 地址。

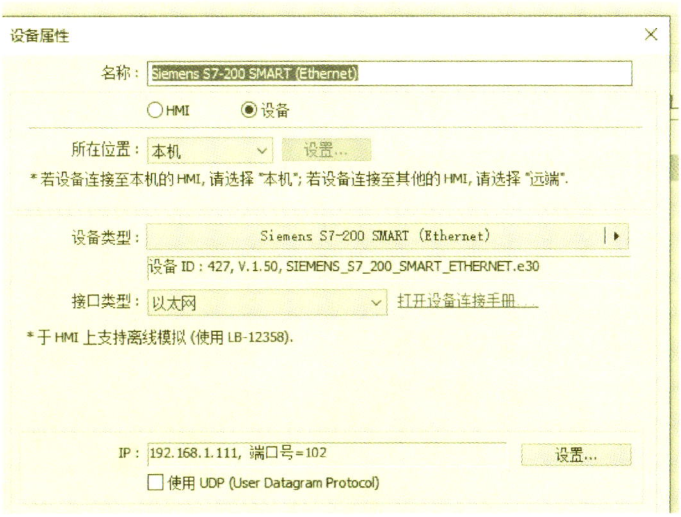

图 23 第七步：设置 IP 地址为 PLC 地址

第八步：触摸屏、计算机及 PLC 完成组态。

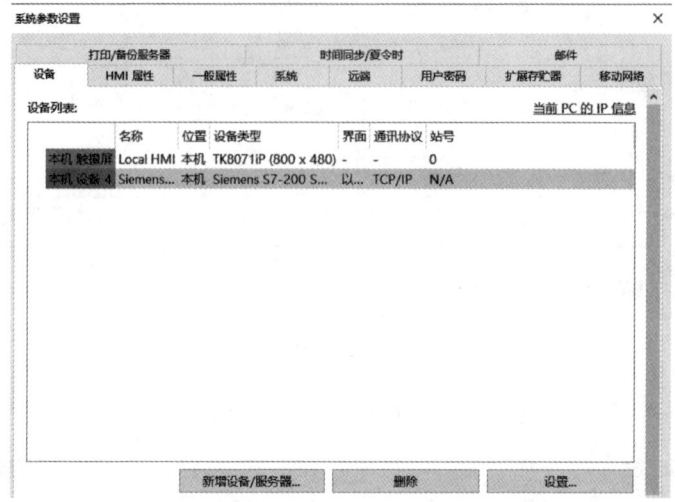

图 24　第八步：完成组态

五、触摸屏、计算机及 PLC 组态应用技巧

第一步：触摸屏、计算机及 PLC 完成组态后打开软件。

图 25　第一步：打开软件

第二步：点击常用按钮，从元件库选择所需元件。

图 26　第二步：选择所需元件

第三步：双击元件，进入元件属性，设置元件。

图 27　第三步：设置元件

第四步：点击工程文件，下载设置好的文件。

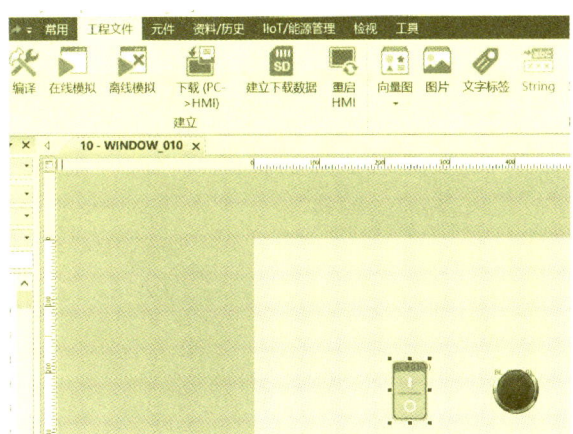

图 28　第四步：下载设置好的文件

第五步：保存文件。

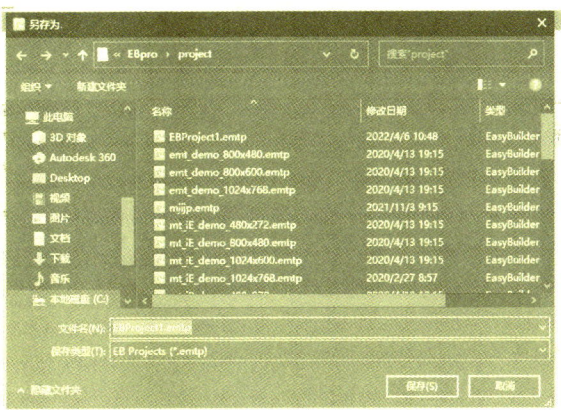

图 29　第五步：保存文件

第六步：找到触摸屏 IP，下载到触摸屏。

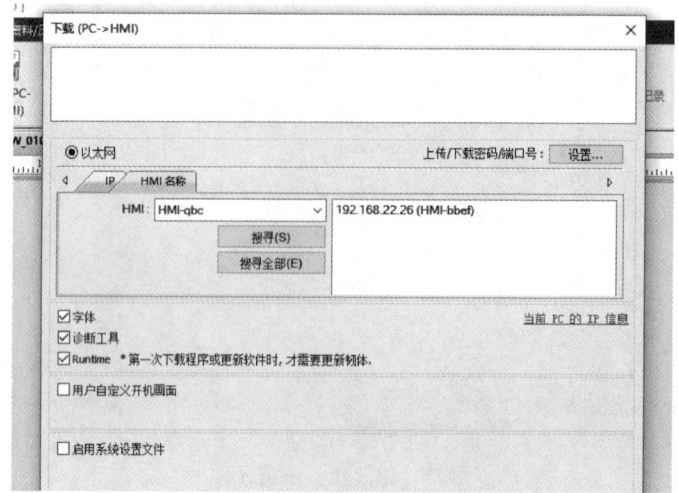

图 30　第六步：下载到触摸屏

第七步：计算机下载相应程序到 PLC。

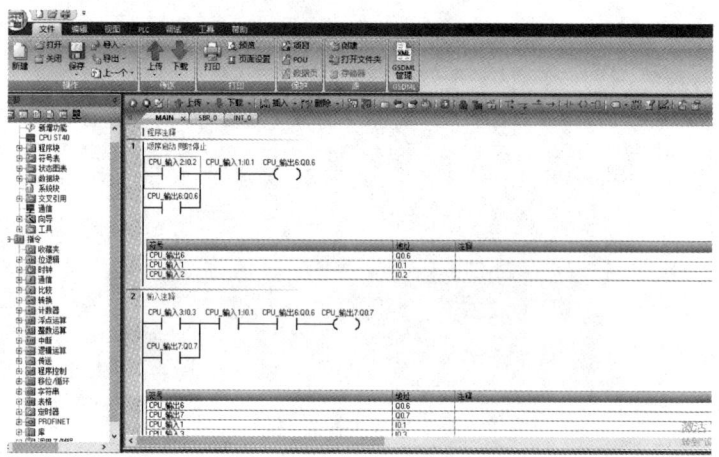

图 31　计算机下载相应程序到 PLC

第八步：完成组态，触摸屏控制 PLC。

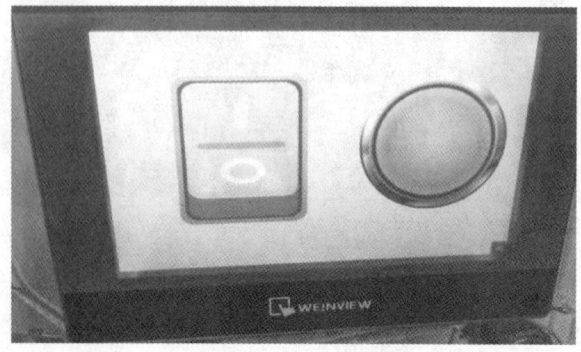

图 32　完成组态，触摸屏控制 PLC

学习任务八 触摸屏和 PLC 组态控制的综合应用

温馨提示： 设置元件属性时，输入部分的元件地址要用中间继电器 M 来表示，输出元件地址要与 PLC 程序的输出元件相对应。

思考回答： 你觉得实训中需要用到哪些元器件和操作指令？

🛠 任务执行

一、实施阶段

使用触摸屏、计算机及 PLC 组态实现一个按钮控制一盏灯的亮和灭。
记录下你的具体工作内容是什么？

二、实施过程

1. 写出触摸屏、计算机及 PLC 如何组态实现一个按钮控制一盏灯的亮和灭。

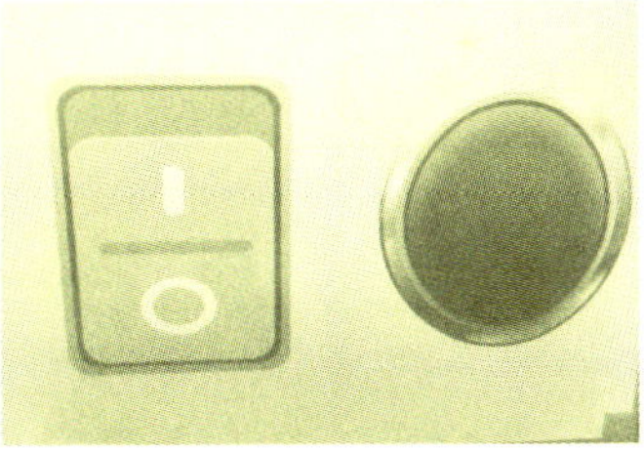

图 33 组态效果示意

2. 编制触摸屏、计算机及 PLC 组态，实现一个按钮控制一盏灯的亮和灭，根据实际操作和图示写出具体内容。

图 34 组态控制：外部接线图　　　图 35 梯形图程序及组态的设置

工作原理：
_____
_____
_____

根据控制要求，选择合适的低压电器，并填写表3、表4。

表3 低压电器选择

代号	名称	型号	规格	数量
PLC				
SB				
FU				
QF				
HMI				

表4 输入/输出分配表

输入部分		输出部分	
输入元件	PLC 编程元件/作用	输出元件	PLC 编程元件/作用
SB		HL	

3. 每日 6S 检查项目。

表5 每日 6S 检查项目

检查项目	工位号	检查情况	日期	检查人
整理				
整顿				
清扫				
清洁				
素养				
安全				

任务交验

表6 触摸屏、计算机及 PLC 组态实现一个按钮控制一盏灯的亮和灭实训评价表

序号	考核项目	具体要求指标	配分	得分
1	准备工作	组态器材和材料是否准备齐全	10	
2	触摸屏、计算机及 PLC 组态，实现一个按钮控制一盏灯的亮和灭	准确使用触摸屏、计算机及 PLC 组态，触摸屏按要求设置，PLC 编程软件编写要求程序，连接外部导线，通电运行	60	

续表

序号	考核项目	具体要求指标	配分	得分
3	成功率	组态是否按要求调试、运行	10	
4	安全	是否安全操作，无意外发生	10	
5	卫生	操作结束后，工具是否摆放整齐，废料和垃圾是否清理干净	10	
		合计	100	
简要评价（含个人德育、学习、劳动、审美、体育）			学生小组签名	

任务评价

表7 学习活动综合评价表

学习活动_____ 学生姓名_____ 学号_____

评价项目	评 价 要 点	配分	得分
平时表现评价	出勤情况、工装穿戴情况	10	
	纪律情况、学习主动性	10	
	6S执行情况	10	
综合能力评价	是否能够积极查询资料完成思考内容	20	
	是否正确完成计划和学习任务的制定	10	
	计划实施：是否正确完成和执行计划	10	
	调试和检修：是否能够正确调试和检修	20	
情感态度评价	团队合作、互动与创新情况	5	
	实践动手操作的兴趣、态度、积极性	5	
	合计	100	
简要评述（素质教育）		教师签名	

小资料

艾萨克·牛顿（1643年1月4日—1727年3月31日），爵士，英国皇家学会会长，英国著名的物理学家、数学家，百科全书式的"全才"，著有《自然哲学的数学原理》《光学》。

1687年发表的论文《自然定律》里，对万有引力和牛顿三大运动定律进行了描述。这些描述奠定了此后三个世纪里物理世界的科学观点，并成为了现代工程学的基础。他通过论证开普勒行星运动定律与他的引力理论间的一致性，展示了地面物体与天体的运动都遵循着相同的自然定律；为太阳中心说提供了强有力的理论支持，并推动了科学革命。

在力学上，牛顿阐明了动量和角动量守恒的原理，提出了牛顿运动定律。在光学上，他发明了反射望远镜，并基于对三棱镜将白光发散成可见光谱的观察，发展出了颜色理论。他还系统地表述了冷却定律，并研究了音速。在数学上，牛顿与戈特弗里德·威廉·莱布尼茨分享了发展出微积分学的荣誉。他也证明了广义二项式定理，提出了"牛顿法"以趋近函数的零点，并为幂级数的研究做出了贡献。在经济学上，牛顿提出了金本位制度。

学习活动二　触摸屏和 PLC 组态控制在电动机电路中的应用

任务目标

1. 能掌握触摸屏、计算机及 PLC 组态在电动机电路中的应用。
2. 能掌握按钮、触摸屏、计算机及 PLC 组态在电动机电路中的应用。

任务时间

18 课时。

任务策划

一、任务要求

掌握了组态技术后，用户可以按照自己的需求对电力拖动线路进行触摸屏控制改造，使控制更加简化，可视化程度提高，因此对于在厂中校实习的同学们来说，灵活掌握电动机电路的触摸屏控制改造知识是必要的。

二、任务分析

表 1　任务分析及任务计划书

项　目	
任务分析	
任务计划	
成　员	

学习任务八　触摸屏和PLC组态控制的综合应用

任务准备

认识并掌握触摸屏、计算机及 PLC 组态。

表 2　触摸屏、计算机及 PLC 组态

1. 触摸屏系统工具	2. 触摸屏系统设定
启动 HMI 后可利用在屏幕下方的【工具列】做系统设定,一般情况下它是自动隐藏的,使用者只需点击屏幕右下角的箭头图标即会弹出工具列,如图示,由左而右为:系统设定、系统信息、文字键盘、数字键盘。	设定或变更 HMI 的各项系统参数,基于安全考虑必须进行密码确认。出厂时的预设密码为 111111。 网络:用以太网络下载工程文件到 HMI 上,需正确设定操作对象(HMI)的 IP 地址。可选择自动取得 IP 地址或自行输入 IP 地址。 时间/日期:设定 HMI 内本地的日期时间。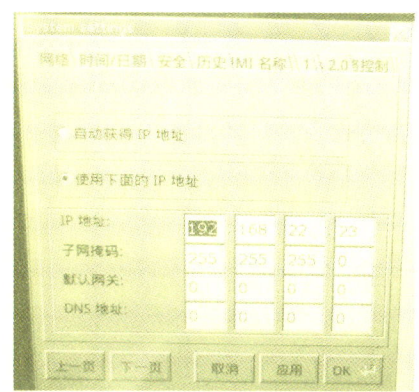
3. 触摸屏、计算机及 PLC 组态	4. 触摸屏、计算机及 PLC 完成组态,运行
(1) 触摸屏、计算机、PLC 的 IP 地址匹配。 (2) 写入 PLC 程序,下载。 (3) 打开 EasyBuilder Pro 软件,进行设置。 (4) 完成组态设置,运行。	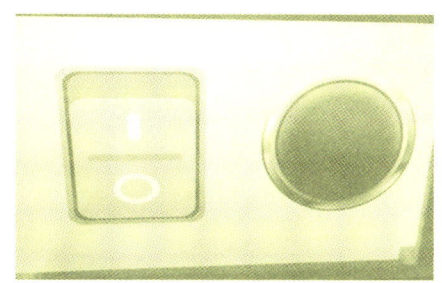

例题：双重联锁控制线路，完成触摸屏、计算机及 PLC 组态，并进行实际操作。
（1）掌握实际原理图（图 1）。

> 1.电路按L1–U、L2–V，L3–W的顺序接通电机正转，要使电机反转则L1–W，L2–V，L3–U。
> 2.两个接触器主触头怎样接线才能实现电动机正反转控制？两个接触器能否同时得电闭合？为什么？

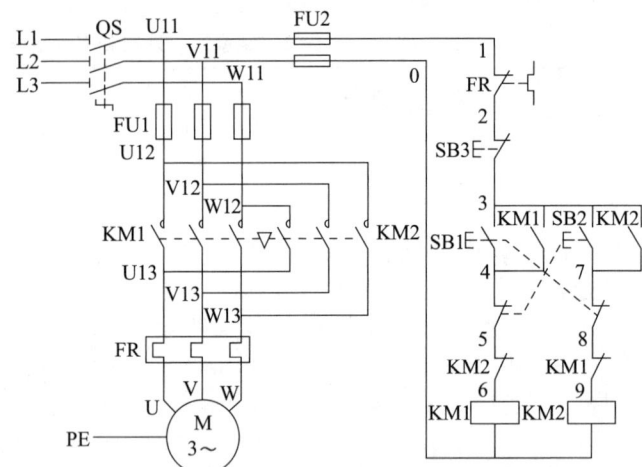

图 1 实际原理图

（2）触摸屏、计算机及 PLC 进行组态。

表 3 组态步骤

1. 触摸屏、计算机及 PLC 通信连接	2. 触摸屏、计算机及 PLC 的 IP 匹配
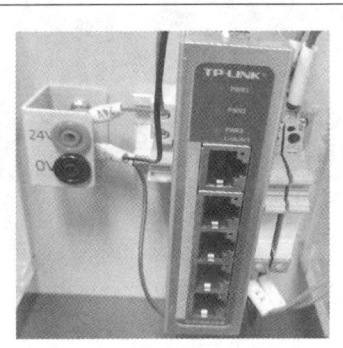	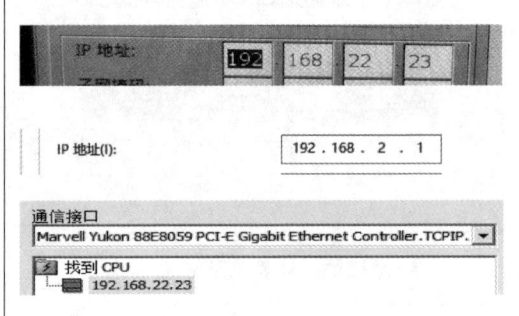
3. 计算机输入 PLC 程序，下载	4. 打开 EasyBuilder Pro 软件，进行设置
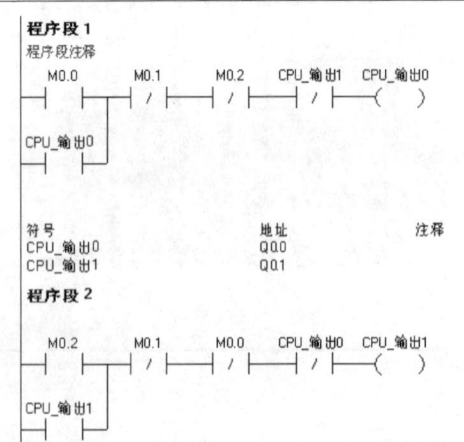	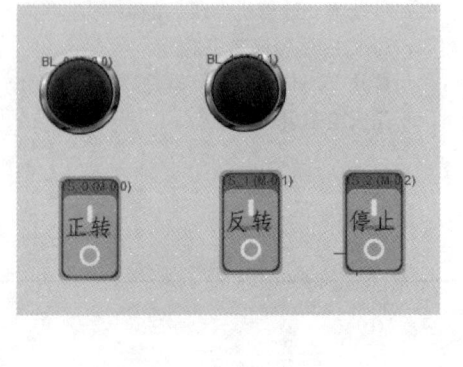

续表

5. EasyBuilder Pro 软件，设置完成后下载 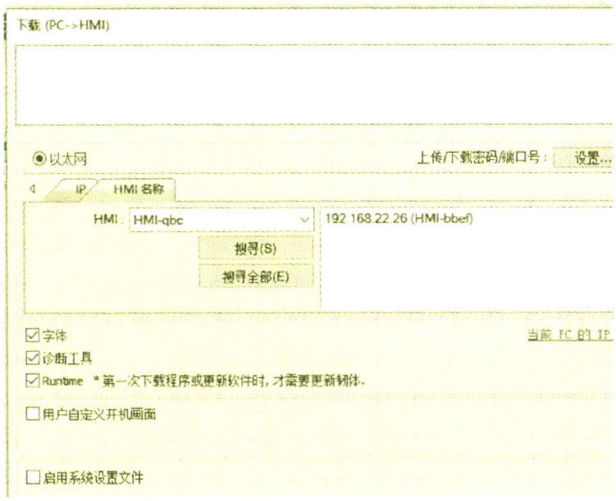	6. 完成组态，运行 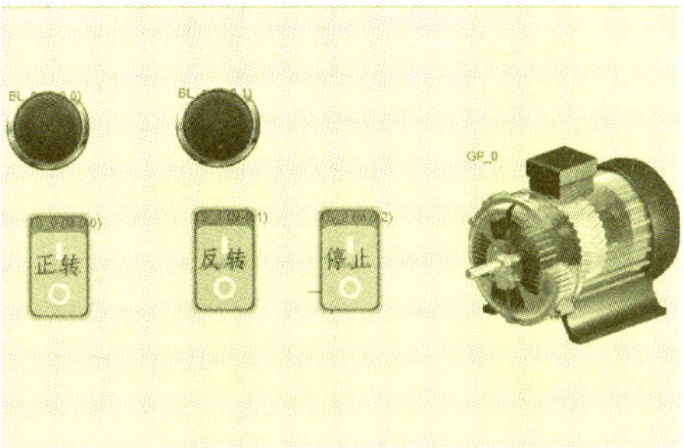

思考回答 1. 你觉得实训中需要用到哪些指令？

思考回答 2. 如何用触摸屏和按钮同时实现接触器联锁正反转控制？

任务执行

一、实施阶段

点动/连续控制线路；双重联锁控制线路；顺序启动、逆序停止控制线路的触摸屏、计算机及 PLC 组态以及外部线路的连接。

记录下你的具体工作内容是什么？

二、实施过程

1. 点动和连续控制线路,根据触摸屏、计算机及 PLC 组态实际操作写出具体内容。

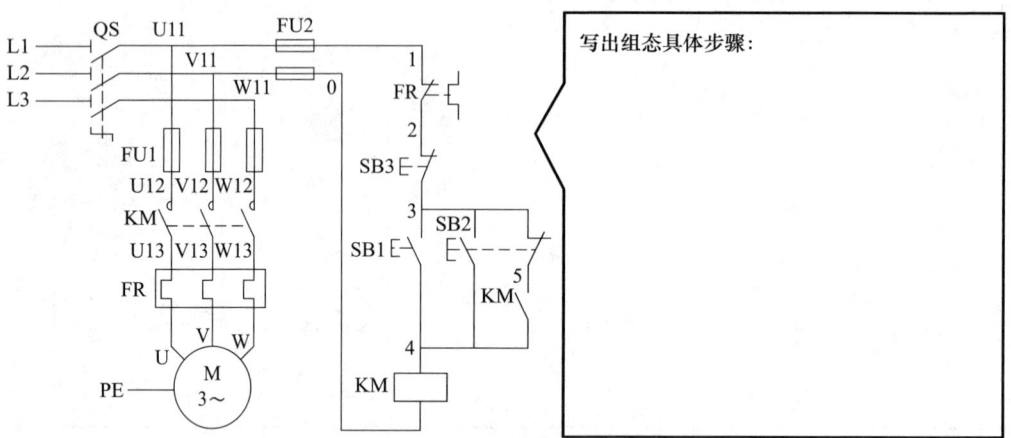

图 2　点动和连续控制线路组态具体步骤

图 3　组态控制:外部接线图　　　　图 4　梯形图程序

根据控制要求,选择合适的低压电器,并填写表 4、表 5。

表 4　低压电器选择

代号	名称	型号	规格	数量
PLC				
SB				
FU				
QF				
HL				
HMI				

表5 输入/输出分配表

输入部分		输出部分	
输入元件	编程元件/作用	输出元件	编程元件/作用
SB1		KM1	
SB2		KM2	
SB3			

2. 双重联锁控制线路，根据触摸屏、计算机及PLC组态实际操作写出具体内容

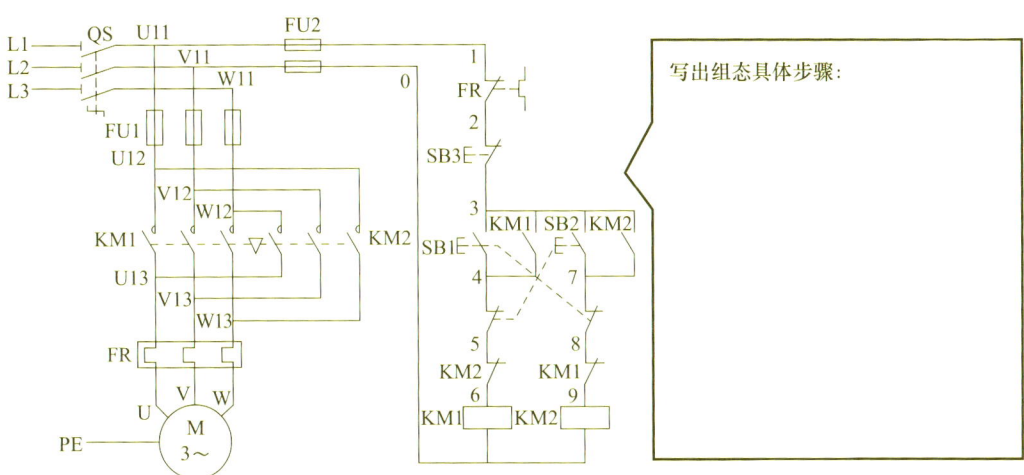

图5 双重联锁控制线路组态具体步骤

图6 组态控制：外部接线图

图7 梯形图程序

根据控制要求,选择合适的低压电器,并填写表6、表7。

表6 低压电器选择

代号	名称	型号	规格	数量
PLC				
KM				
SB				
FU				
QF				

表7 输入/输出分配表

输入部分		输出部分	
输入元件	编程元件/作用	输出元件	编程元件/作用
SB1		KM1	
SB2		KM2	
SB3			

3. 顺序启动、逆序停止控制线路,根据实际操作和图示写出具体操作内容。

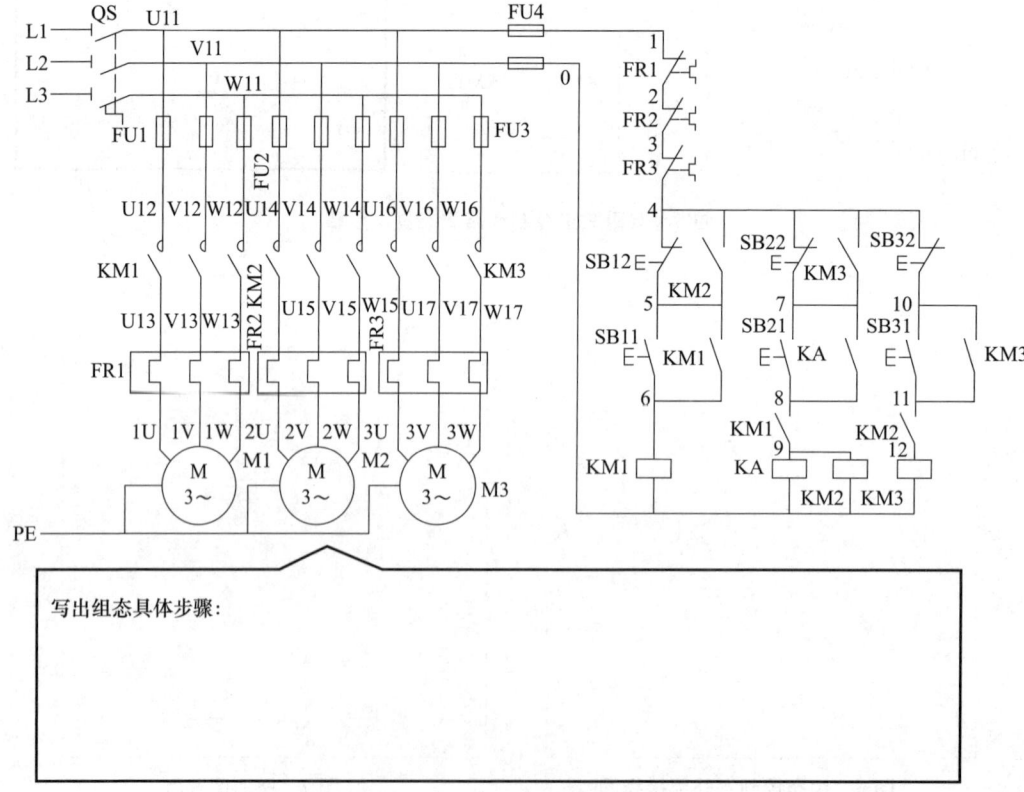

写出组态具体步骤:

图8 顺序启动、逆序停止控制线路组态具体步骤

图 9 组态控制：外部接线图　　　　　图 10 梯形图程序

根据控制要求，选择合适的低压电器，并填写下表。

表 8 低压电器选择

代号	名称	型号	规格	数量
PLC				
KM				
SB				
FU				
QF				
M				
HMI				

表 9 输入/输出分配表

输入部分		输出部分	
输入元件	编程元件/作用	输出元件	编程元件/作用
SB11		KM1	
SB12		KM2	
SB21		KM3	
SB22			
SB31			
SB32			

4. 每日 6S 检查项目。

表10　每日 6S 检查项目

检查项目	工位号	检查情况	日期	检查人
整理				
整顿				
清扫				
清洁				
素养				
安全				

任务交验

表11　触摸屏和 PLC 组态控制电动机电路实训评价表

序号	考核项目	具体要求指标	配分	得分
1	准备工作	组态器材和材料是否准备齐全	10	
2	触摸屏和 PLC 组态控制电动机电路	准确使用触摸屏、计算机及 PLC 组态，触摸屏按要求设置，PLC 编程软件编写要求程序，连接外部导线，通电运行	60	
3	成功率	组态是否按要求调试、运行	10	
4	安全	是否安全操作，无意外发生	10	
5	卫生	操作结束后，工具是否摆放整齐，废料和垃圾是否清理干净	10	
		合计	100	
简要评价（含个人德育、学习、劳动、审美、体育）			学生小组签名	

小知识

编制控制机械手动作的 PLC 控制程序（寄存器移位指令编制）。

手臂上升、下降和伸出、缩回的执行用电磁阀控制气缸完成。当某个电磁阀线圈通电，就一直保持现有动作，直到执行相反的线圈通电为止。手爪的加紧、放松由单线圈二位电磁阀控制气缸完成，线圈通电加紧，断电松开（请试着用触摸屏控制）。

表12　输入/输出分配表

输入部分		输出部分	
输入元件	编程元件/作用	输出元件	编程元件/作用
SB1	I0.0/启动开关	YV1	Q0.0/下降电磁阀
SQ1	I0.1/下限位开关	YV2	Q0.1/夹紧电磁阀
SQ2	I0.2/上限位开关	YV3	Q0.2/上升电磁阀
SQ3	I0.3/右限位开关	YV4	Q0.3/右移电磁阀
SQ4	I0.4/左限位开关	YV5	Q0.4/左移电磁阀
		HL	Q0.5/原点指示灯

程序段1
机械手在初始状态
```
CPU_~:I0.2  CPU_~:I0.4  M0.1  M0.2  M0.3  M0.4  M0.5  M0.6  M0.7  M1.0  M1.1    M0.0
──┤├────────┤├──────────┤/├───┤/├───┤/├───┤/├───┤/├───┤/├───┤/├───┤/├───┤/├──────( )
```

程序段2
按下启动按钮或机械手回到原位后，下一循环开始
```
CPU_~:I0.4   M1.1        M0.1
──┤├─────────┤├──────────( R )
                          9
CPU_~:I0.0                M2.0
──┤├──────┤N├────────────( R )
                          1
```

程序段3
各步动作结束时产生信号，M0.0的状态依次移位
```
M0.0    CPU_~:I0.0                    SHRB
──┤├────┤├──────┤P├─┐                 EN  ENO
                    │
M0.1  CPU_~:I0.1 CPU_~:I0.2    M0.0 ─ DA~
──┤├─────┤├────────┤├──┤P├─┤   M0.1 ─ S_B~
                             │  +9 ─ N
M0.2   T37                   │
──┤├────┤├─────────────────┤─┤
                             │
M0.3  CPU_~:I0.2  CPU_~:I0.1 │
──┤├─────┤├─────────┤/├────┤─┤
                             │
M0.4  CPU_~:I0.3  CPU_~:I0.4 │
──┤├─────┤├─────────┤/├────┤─┤
                             │
M0.5  CPU_~:I0.1  CPU_~:I0.2 │
──┤├─────┤├─────────┤/├────┤─┤
                             │
M0.6   T38                   │
──┤├────┤├─────────────────┤─┤
                             │
M0.7  CPU_~:I0.2  CPU_~:I0.1 │
──┤├─────┤├─────────┤├─────┤─┤
                             │
M1.0  CPU_~:I0.4  CPU_~:I0.3 │
──┤├─────┤├─────────┤├─────┤─┘
```

程序段4
原位指示灯
```
M0.0    CPU_~:Q0.5
──┤├────────( )
```

程序段5
机械手下降电磁阀
```
M0.1    CPU_~:Q0.0
──┬┤├───────( )
  │
M0.5
──┤├─┘
```

程序段6
手爪加紧，并延时
```
M0.2                    M2.0
──┤├──────────────────( S )
                        1
                        T37
                       ┌──────────┐
                       │ IN   TON │
                    30─┤ PT   100~│
                       └──────────┘
```

程序段7
```
M2.0    CPU_~:Q0.1
──┤├────────( )
```

程序段8
机械手上升电磁阀
```
M0.3    CPU_~:Q0.2
──┬┤├───────( )
  │
M0.7
──┤├─┘
```

程序段9
机械手右移电磁阀
```
M0.4    CPU_~:Q0.3
──┤├────────( )
```

程序段10
机械手左移电磁阀
```
M1.0    CPU_~:Q0.4
──┤├────────( )
```

程序段11
手爪放松，并延时
```
M0.6                    M2.0
──┤/├─────────────────( R )
                        1
                        T38
                       ┌──────────┐
                       │ IN   TON │
                    20─┤ PT   100~│
                       └──────────┘
```

🛠 任务评定

表13 学习活动综合评价表

学习活动_____ 学生姓名_____ 学号_____

评价项目	评 价 要 点	配分	得分
平时表现评价	出勤情况、工装穿戴情况	10	
	纪律情况、学习主动性	10	
	6S执行情况	10	
综合能力评价	是否能够积极查询资料完成咨询内容	20	
	是否正确完成计划和学习任务的制定	10	
	计划实施：是否正确完成和执行计划	10	
	调试和检修：是否能够正确调试和检修	20	
情感态度评价	团队合作、互动与创新情况	5	
	实践动手操作的兴趣、态度、积极性	5	
合计			
简要评述（素质教育）		教师签名	

💾 小资料

黄大年，男，广西南宁人，1958年8月出生，1975年10月参加工作，中共党员，著名地球物理学家、国家"千人计划"专家。生前担任吉林大学新兴交叉学科学部学部长，地球探测科学与技术学院教授、博士生导师。

他自觉把个人理想和国家发展融为一体，毅然放弃国外优越条件回到祖国。归国7年多，他作为国家多个技术攻关项目的首席专家，带领科技团队只争朝夕、顽强拼搏，取得一系列重大科技成果，填补多项国内技术空白，部分成果达到国际领先水平。他秉持"祖国的需要就是最高需要"的人生信条，为实现科技强国梦殚精竭虑，经常工作到凌晨，几乎没有休过寒暑假和节假日，多次累倒在工作岗位上，直到生命最后一刻。他倾尽心血为国育才，主动担任本科层次"李四光实验班"的班主任，言传身教、诲人不倦，叮嘱学生"出去了要回来，出息了要报国"，激励学生树立远大理想和家国情怀，支持资助学生参加国际学术交流，为国家培养出一批"出得去、回得来"的优秀科技人才。他以崇高的爱国情怀、强烈的敬业精神、深厚的学术造诣和高洁的道德品行，赢得学校师生、科研同事和社会各方面广泛赞誉。

学习活动三　工作总结与评价

 任务目标

1. 能掌握触摸屏软件使用技巧。
2. 能掌握触摸屏、计算机及 PLC 组态应用。
3. 能掌握触摸屏与 PLC 组态在电动机电路中的应用。
4. 养成爱护器材、工具和仪表的习惯,做到工具有序放置及实训场地随时清整。

 任务时间

2 课时。

任务汇报

一、训练汇报

以小组为单位,选择成员进行(1)触摸屏、计算机及 PLC 组态应用。(2)触摸屏与 PLC 组态应用于电动机电路的操作过程演示,并简要说明操作过程中的经验和体会。汇报的内容应包括:1. 学到了什么? 2. 是否存在问题? 若有问题,是什么问题? 是什么原因导致的? 下次该如何避免?

表 1　训练汇报内容

汇报人	汇报内容	值得学习的地方	还需改进的地方

续表

汇报人	汇报内容	值得学习的地方	还需改进的地方

二、任务综合评价

表2 学习任务八 触摸屏和PLC组态控制的应用综合评价表

被评价人			评价时间			
评价项目	评价内容	评价标准		评价方式		
				自我评价	小组评价	教师评价
劳动素养	安全意识责任意识	A 作风严谨、自觉遵章守纪、出色地完成工作任务 B 能够遵守规章制度、较好地完成工作任务 C 遵守规章制度、没完成工作任务，或虽完成工作任务但未严格遵守规章制度 D 不遵守规章制度、没完成工作任务				
职业素养	学习态度	A 积极参与教学活动，全勤 B 缺勤达本任务总学时的10% C 缺勤达本任务总学时的20% D 缺勤达本任务总学时的30%				
	团队合作意识	A 与同学协作融洽、团队合作意识强 B 与同学能沟通、协同工作能力较强 C 与同学能沟通、协同工作能力一般 D 与同学沟通困难、协同工作能力较差				
专业能力	学习活动1 触摸屏、计算机及PLC组态应用	A 按时、完整地完成工作页，问题回答正确，数据记录准确完整 B 按时、完整地完成工作页，问题回答基本正确，数据记录基本准确 C 未能按时完成工作页，或内容遗漏、错误较多 D 未完成工作页				
	学习活动2 触摸屏和PLC组态控制在电动机电路中的应用	A 学习活动评价成绩为90~100分 B 学习活动评价成绩为75~89分 C 学习活动评价成绩为60~74分 D 学习活动评价成绩为0~59分				
	学习活动3 工作总结与评价	A 学习活动评价成绩为90~100分 B 学习活动评价成绩为75~89分 C 学习活动评价成绩为60~74分 D 学习活动评价成绩为0~59分				
		评价人签字				
创新能力		学习过程中提出具有创新性、可行性的建议		加分奖励：		
指导教师			日期			

学习任务九　伺服电动机运动的 PLC 控制

任务目标

1. 能掌握运动控制的向导组态设置。
2. 能掌握运动控制向导为运动轴创建的子例程。
3. 能掌握伺服电动机运动的 PLC 控制。

任务时间

24 课时。

任务工作情境

随着科技水平的日新月异，市场竞争也越来越激烈，因此企业迫切地需要改进生产技术以提高生产的效率和精度。在某些传动领域内，需要对被控对象实现高精度的位置控制，而实现精确位置控制的一个基本条件是需要有高精度的执行机构。当脉冲当量和速度变化都要求较高时，传统的交流电机或步进电机将面临一系列问题，且实现起来难度大。随着现代工业自动化程度的逐渐提高，交流伺服系统的应用已成为工业控制的主流，并且在当代工业设备生产中占有相当重要地位。伺服的 PLC 控制高效、精准、可靠、便捷，为人们的生产生活提供了巨大的便利，因此如何利用 PLC 对伺服电动机进行控制，对于在厂中校实习的同学们来说，是必须要掌握的知识。

任务工作流程与活动

1. 伺服电动机运动的 PLC 控制。
2. 工作总结与评价。

学习活动一　伺服电动机运动的 PLC 控制

任务目标

1. 能掌握运动控制向导组态的设置。
2. 能掌握运动控制向导为运动轴创建的子例程。
3. 根据要求编写 PLC 程序并安装接线、调试运行。
4. 能掌握伺服电动机运动的 PLC 控制及运行。

学习任务九　伺服电动机运动的 PLC 控制

 任务时间

20 课时。

 任务策划

一、任务要求

通过本任务的学习，让学生掌握伺服电动机的 PLC 控制要求。任务要求如下：现有某伺服系统，按下复位按钮 SB1 时，伺服系统回原点；按下启动按钮 SB2 时，伺服电动机带动滑块向前，速度为 10mm/s，运行 50mm，停 2s，再运行 50mm，停 2s，然后返回原点，完成一个循环过程；按下停止按钮 SB3，系统立即停止。设计由 PLC 来控制运行。

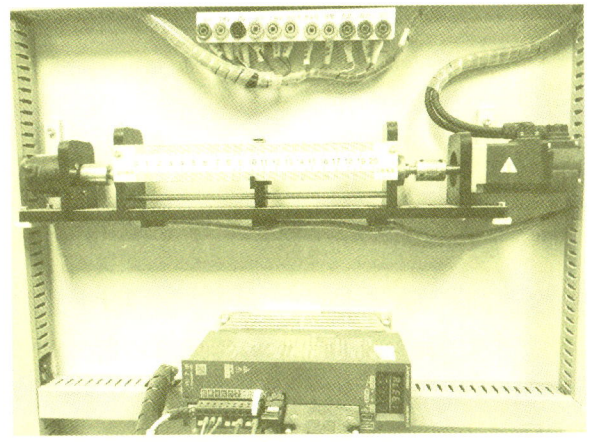

图 1　伺服电动机

二、任务分析

表 1　任务分析及任务计划书

项　目	
任务分析	
任务计划	
成　员	

任务准备

一、运动控制向导组态设置

1. 打开运动控制向导

表 2　两种方法打开运动控制向导

方法一	方法二
在"工具"（TOOL）菜单功能区的"向导"（Wizards）区域单击"运动"按钮。	在"项目树"中打开"向导"（Wizards）文件夹，然后双击"运动控制"（Motion）。

2. 按以下步骤在运动控制向导中组态开环运动控制：组态轴数

（1）通过运动控制向导，可组态开环运动控制。

（2）在此对话框中选择要组态的运动轴。必须指定将要组态的轴，因为某些轴共享相同的资源。如果选择所有轴，随后在运动控制向导中选项可能会受到限制。

（3）此对话框的选项取决于 CPU 型号：如果 CPU 是紧凑型，无法执行运动控制向导。如果 CPU 是任意一款 20S 型号，则只能选择轴 0 和轴 1。如果 CPU 是任意一款 40S 或 60S 型号，则可选择轴 0、轴 1 或轴 2。注意：虽然可为继电器输出型 CPU 组态运动轴，但在高速情况下开关继电器并不实际，因此组态运动控制时必须使用晶体管输出型 CPU。

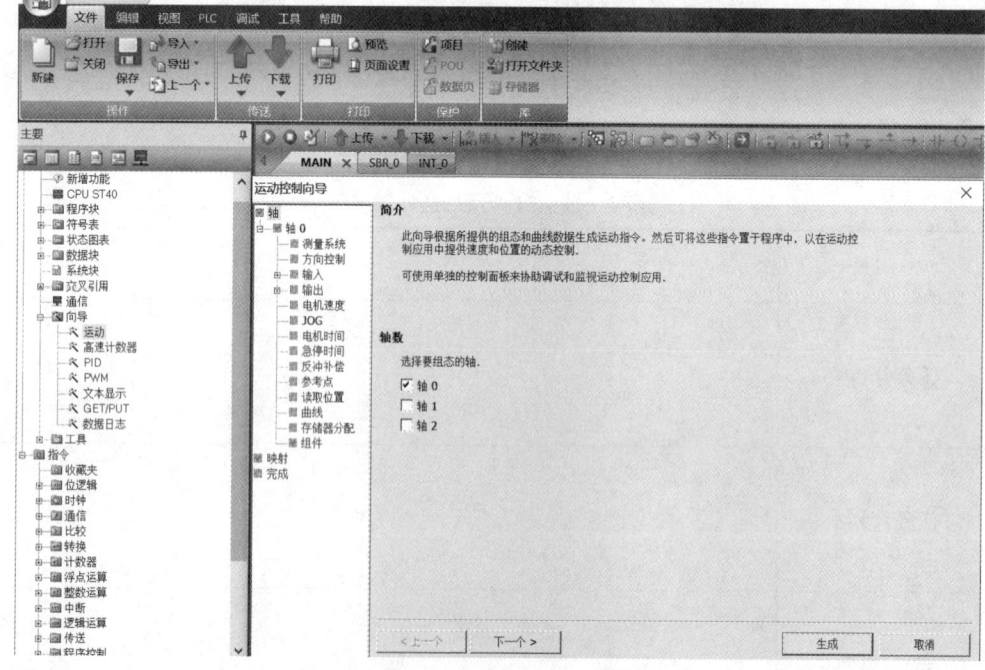

图 2　组态开环运动控制：组态轴数

3. 按以下步骤在运动控制向导中组态开环运动控制：选择轴名称

（1）在运动控制向导的树视图中单击轴名称时，将显示"轴名称"对话框。

（2）在此可组态自定义轴名称。此屏幕的默认名称为"轴 x"，其中"x"等于轴编号。

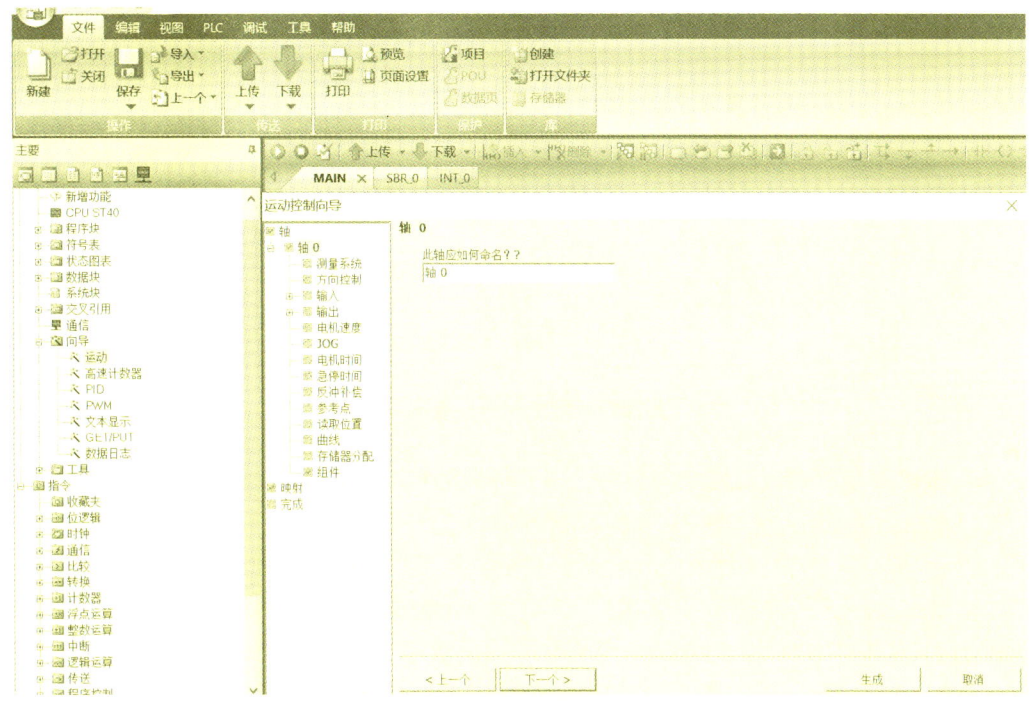

图 3　组态开环运动控制：选择轴名称

4. 按以下步骤在运动控制向导中组态开环运动控制：选择测量系统

（1）在运动控制向导的树视图中单击任何轴的"测量系统"节点时，将显示对话框。

（2）选择要在整个向导中用于控制轴运动的测量系统。可以选择以下测量单位之一：工程单位、相对脉冲数。

（3）如果选择"相对脉冲数"，则以下内容适用：整个向导中的所有速度均以脉冲数/秒为单位表示。整个向导中的所有距离均以脉冲数为单位表示。向导此对话框中的后续参数（"电机一次旋转所需的脉冲数，测量的基本单位"和"电机每转单位数"）将因不适用而消失。

（4）如果选择"工程单位"，则以下情况适用：必须组态参数"电机一次旋转所需的脉冲数"（请参见电机或驱动器的数据表）。必须组态参数"测量的基本单位"（如英寸、英尺、毫米或厘米）。必须组态参数"电机一次旋转产生多少 xx 的运动？其中 xx 是指选作基本测量单位的单位数。整个向导中的所有速度均以每秒"测量的基本单位"为单位表示。整个向导中的所有距离均以"测量的基本单位"为单位表示。

说明："电机一次旋转所需的脉冲数"，参数的范围为 1～2000000 个脉冲。此参数的默认值为 5000。

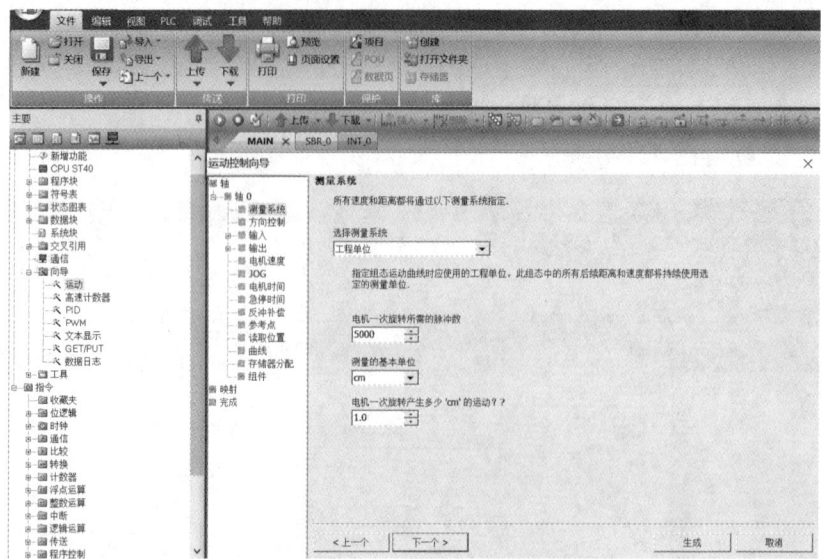

图 4　组态开环运动控制：选择测量系统

5. 按以下步骤在运动控制向导中组态开环运动控制：选择方向控制和输出组态

（1）在运动控制向导的树视图中单击任何轴的"方向控制"节点时，将显示对话框。

（2）"相位"步进电机/伺服驱动器的"相位"接口有四个选项。选项如下：①单相（2个输出）：如果选择单相（2个输出）选项，则一个输出（P0）控制脉动，一个输出（P1）控制方向。如果脉冲处于正向，则P1为高电平（激活）。如果脉冲处于负向，则P1为低电平（未激活）。②双相（2个输出）：如果您选择双相（2个输出）选项，则一个输出（P0）脉冲针对正向，另一个输出脉冲针对负向。③AB正交相（2个输出）：如果选择AB正交相（2个输出）选项，则两个输出均以指定速度产生脉冲，但相位相差90度。④AB正交相（2个输出）为1X组态，表示1个脉冲是每个输入的正跳变之间的时间量。这种情况下，方向由先变为高电平的输出跳变决定。P0领先P1表示正向。P1领先P0表示负向。

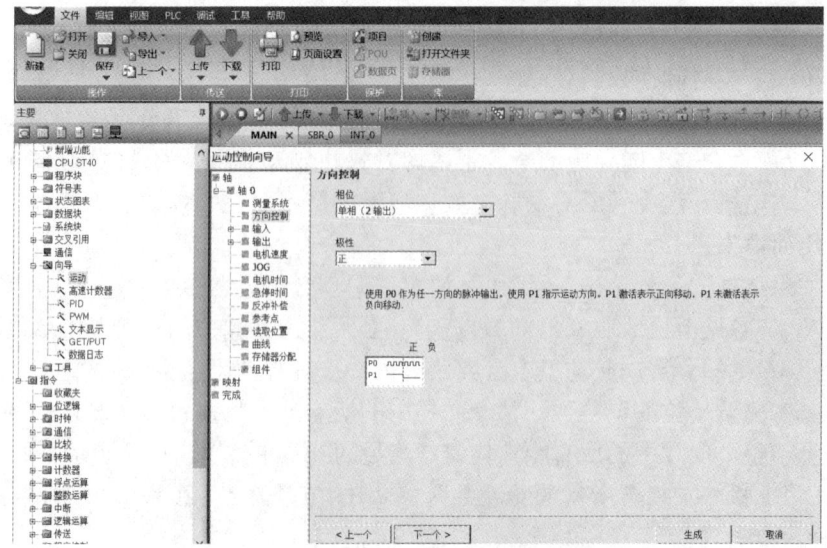

图 5　组态开环运动控制：选择方向控制和输出组态

注意:"极性"可使用"极性"参数切换正向和负向。如果电机接线方向错误,则通常切换电极。此时,可以通过将此参数设置为负,避免对硬件进行重新接线。

6. 按以下步骤在运动控制向导中组态开环运动控制:组态输入和输出引脚分配

1)组态 LMT+输入

(1)在"LMT+"对话框中,可以定义正限位输入分配给哪个引脚以及正限位输入的特性,包括"响应"和"有效电平"。默认情况下禁用"LMT+"输入。禁用此输入时,也禁用该页面上的所有其他参数。选中"已启用"复选框时,可以访问"输入""响应"和"有效电平"参数。

(2)"输入"参数,在此可将"LMT+"分配给 CPU 上的一个输入。可分配 CPU 上从 I0.0 到 I1.3 之间的任何一个输入,但输入不能用于此轴或任何其他轴的多个运动控制功能。

(3)"有效电平"参数,此参数中,可指定"LMT+"输入的有效电平。设为高电平,有电流流入输入时读取逻辑 1;设为低电平,没有电流流入输入时读取逻辑 1。逻辑 1 电平解释为已达到限值。不管有效电平如何,有电流流入输入时,与这些输入对应的 LED 就会亮起。默认设置是高电平。

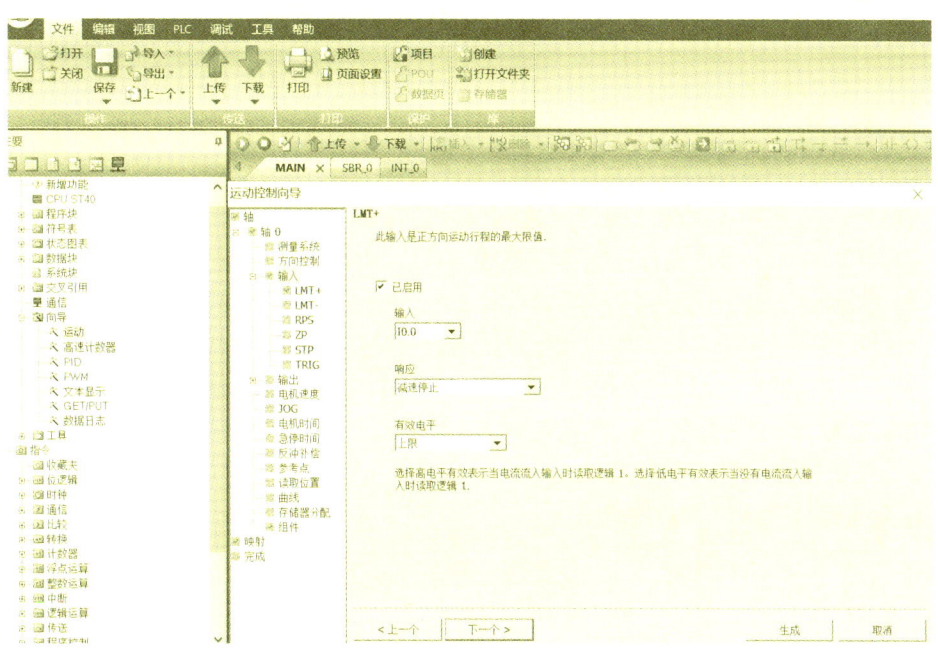

图 6 组态"LMT+"输入

2)组态 LMT-输入

(1)在"LMT-"对话框中,可以定义负限位输入分配给哪个引脚以及负限位输入的特性,包括"响应"和"有效电平"。默认情况下禁用"LMT-"输入。禁用此输入时,也禁用该页面上的所有其他参数。选中"已启用"复选框时,可以访问"输入""响应"和"有效电平"参数。

(2)"输入"参数,在此可将"LMT-"分配给 CPU 上的一个输入。可分配 CPU 上从 I0.0 到 I1.3 之间的任何一个输入,但输入不能用于此轴或任何其他轴的多个运动控制功能。

(3)"有效电平"参数，在此参数中，可指定"LMT-"输入的有效电平。设为高电平，有电流流入输入时读取逻辑1。设为低电平，没有电流流入输入时读取逻辑1。逻辑1电平解释为已达到限值。不管有效电平如何，有电流流入输入时，与这些输入对应的LED就会亮起。默认设置是高电平。

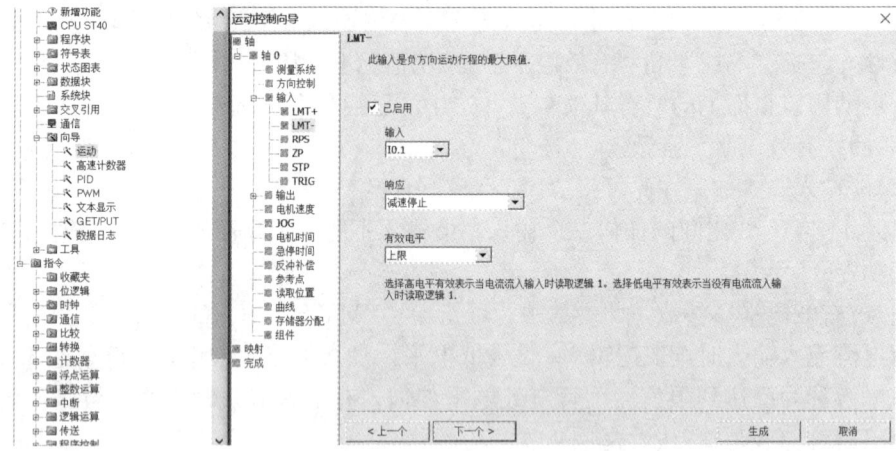

图7 组态"LMT-"输入

3）组态RPS输入

(1) 在"RPS"对话框中，可以定义参考点查找输入分配给哪个引脚以及RPS输入的特性，包括"响应"和"有效电平"。RPS输入有以下功能：定义执行参考点查找命令时的原点位置或参考点；在为双速连续旋转而组态的曲线中可用于切换速度；在为单速连续旋转而组态的曲线中可提供触发停止。默认情况下禁用RPS输入。

(2) "输入"参数在此可将RPS分配给CPU上的一个输入。可分配CPU上从I0.0到I1.3之间的任何一个输入，但输入不能用于此轴或任何其他轴的多个运动控制功能。

(3) "有效电平"参数，可指定RPS输入的有效电平。设为高电平，有电流流入输入时读取逻辑1。设为低电平，没有电流流入输入时读取逻辑1。逻辑1电平解释为已达到参考点或原点位置。不管有效电平如何，有电流流入输入时，与这些输入对应的LED就会亮起。默认设置是高电平。

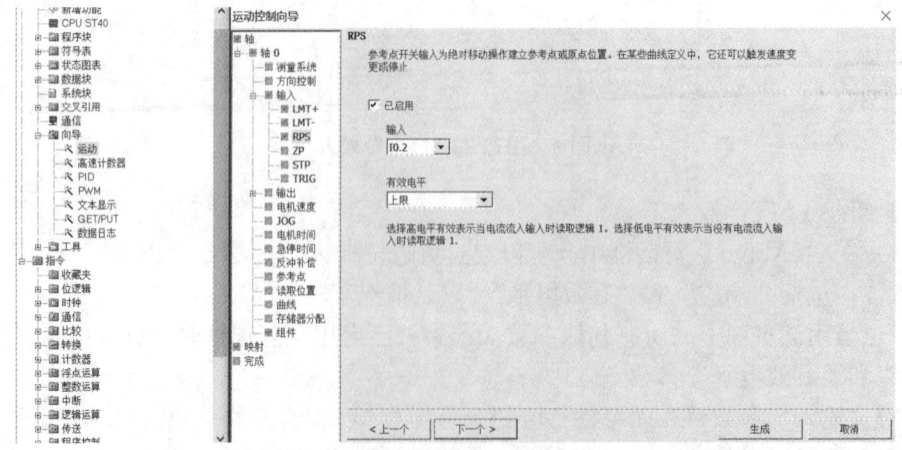

图8 组态PRS输入

4）组态 ZP 输入

(1) 在"ZP"对话框中，可定义 ZP 输入分配给哪个 HSC 和输入引脚。零脉冲（ZP）输入有助于建立参考点查找（RPS）命令的模式 3 和 4 所用参考点或原点位置。通常，每转一圈，电机驱动器/放大器就会产生一个 ZP 脉冲。默认情况下禁用 ZP 输入。

(2) "输入"参数，在此可将 ZP 输入分配给 CPU 上的 HSC 和输入。可分配 CPU 上从 HSC0 到 HSC5 的任何一个 HSC；输入引脚对应于 HSC 通道的第一个输入。由于不能对此轴或任何其他轴的多个运动功能使用任何输入，因此，如果某一输入用于另一个功能，则 HSC 通道在下拉列表中不可用。如果选择 HSC 通道，相应输入就不再是其他输入功能的选项。

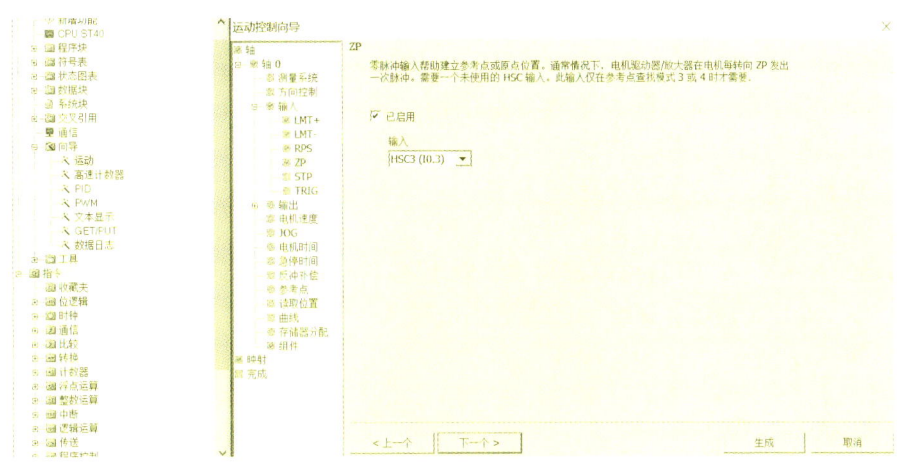

图 9　组态 ZP 输入

5）组态 STP 输入

(1) 在 STP 对话框中，可以定义停止输入的引脚以及停止输入的特性。STP 输入有以下功能：使任何激活的运动控制命令减速至启动-停止速度并在减速后立即停止脉冲；当"触发器"设置为"电平"时防止启动新的运动命令；可作为来自步进/伺服驱动器的就绪信号。如果激活，通过将"触发器"设置为"边沿"，停止前一个运动后，可以启动新的运动。默认情况下，运动向导禁用 STP 输入。

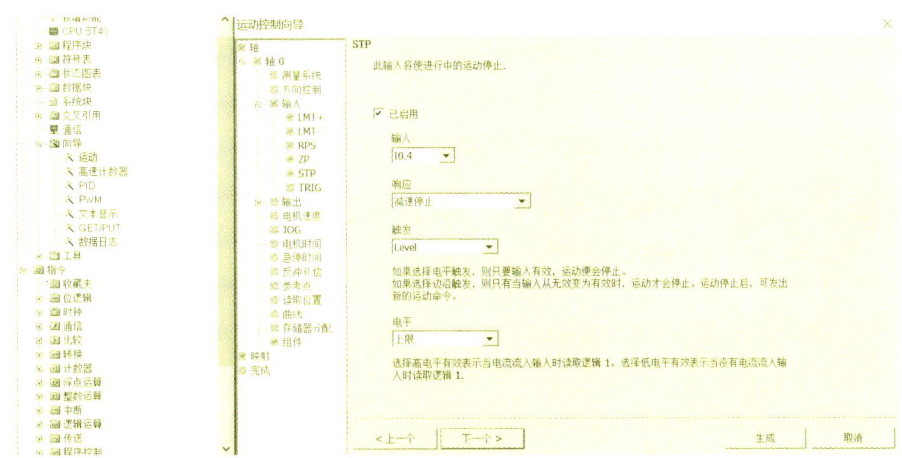

图 10　组态 STP 输入

(2)"输入"参数在此可将 STP 分配给 CPU 上的一个输入。可分配 CPU 上从 I0.0 到 I1.3 之间的任何一个输入,但不能将输入用于此轴或任何其他轴的多个运动控制功能。

(3)"响应"参数,在此参数中,可以指定如果 STP 输入激活则应发生什么。默认设置是"减速停止"。

(4)"触发器"参数,在此参数中,可指定 STP 输入的触发器。默认设置为"电平"(Level)。

7. 按以下步骤在运动控制向导中组态开环运动控制:指定电机速度

(1)在运动控制向导的树视图中单击任何轴的"电机速度",将显示对话框。

(2)在"电机速度"对话框中,可以定义应用的最大速度和启动/停止速度。该对话框还显示最小速度。

(3)最大速度:在电机扭矩能力范围内,输入应用中最佳操作速度的 MAX_SPEED 值。驱动负载所需的扭矩由摩擦力、惯性以及加速/减速时间决定。取值范围是 20 个脉冲/秒至 100000 个脉冲/秒,根据在"测量系统"对话框中组态的单位换算得出;默认值为 20.00 工程单位或 100000 个脉冲/秒。运动控制向导计算和显示运动轴针对指定的 MAX_SPEED 可以控制的最低速度(MIN_SPEED)。

(4)启动/停止速度:在电机能力范围内输入一个 SS_SPEED 值,以便以较低的速度驱动负载。

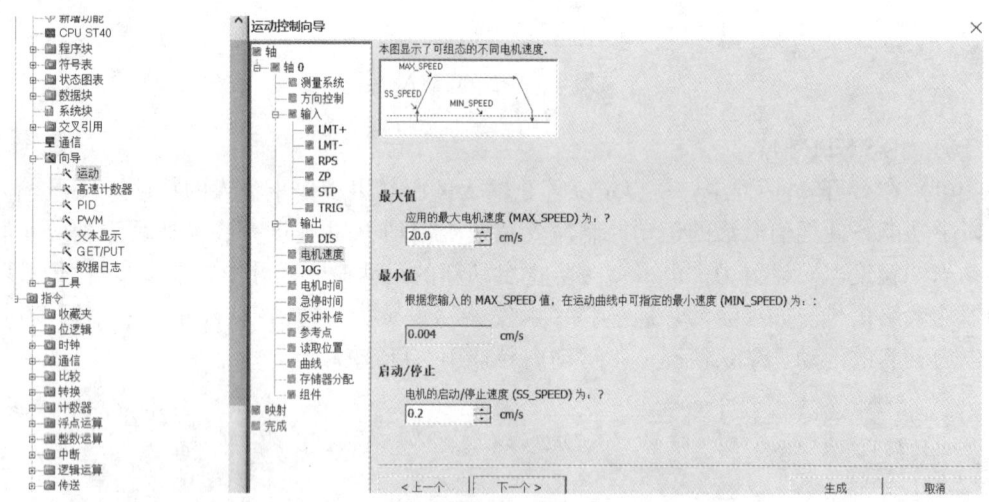

图 11 组态开环运动控制:指定电机速度

8. 按以下步骤在运动控制向导中组态开环运动控制:设置 JOG 参数

(1)在运动控制向导的树视图中单击任何轴的"JOG"节点时,将显示对话框。

(2)在"JOG"对话框中,可将电机手动移至所需位置。

(3)"速度":JOG_SPEED(电机的点动速度)是 JOG 命令仍然有效时所能实现的最大速度。

JOG_SPEED 参数受限于最低和最高速度。此参数的值以在"测量系统"对话框中组态的单位显示;默认值为 20 工程单位或 200 个脉冲/秒。

(4)"增量":JOG_INCREMENT 是瞬时 JOG 命令将电机移动的距离。此参数的值以在"测量系统"(Measurement System)对话框中组态的单位显示;默认值为 1.00 工程单位或 100 个脉冲/秒。

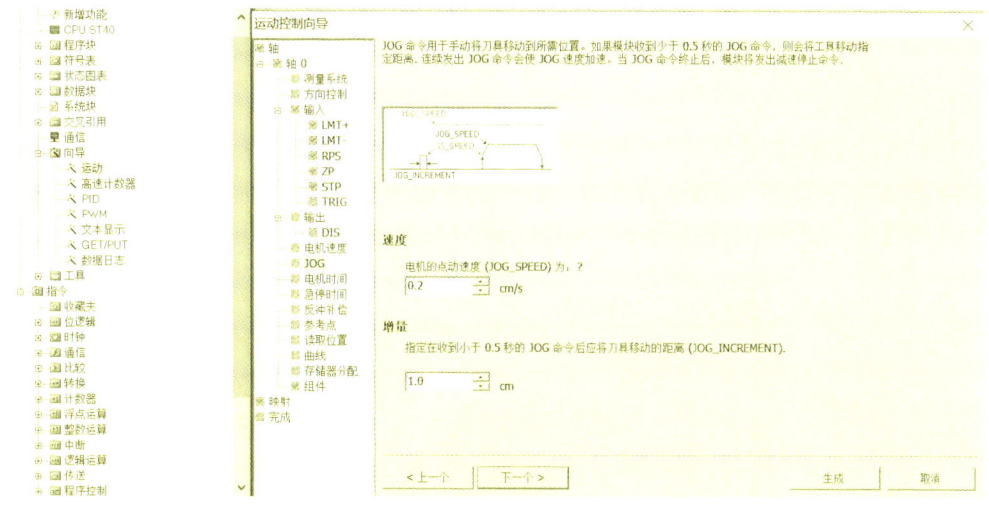

图 12　组态开环运动控制:设置 JOG 参数

9. 按以下步骤在运动控制向导中组态开环运动控制:设置加速和减速时间

(1)在运动控制向导的树视图中单击任何轴的"电机时间"节点时,将显示对话框。

(2)在"电机时间"对话框中,可为应用指定加速率和减速率。

(3)加速:ACCEL_TIME 是电机从 SS_SPEED 加速到 MAX_SPEED 所需的时间。以毫秒为单位指定此时间;默认值为 1000ms。

(4)减速:DECEL_TIME 是电机从 MAX_SPEED 减速到 SS_SPEED 所需的时间。以毫秒为单位指定此时间;默认值为 1000ms。

(5)电机的加速和减速时间要经过测试来确定。首先使用运动控制向导输入一个较大的值。当您测试应用时,您可以根据需要使用运动控制面板调整值。

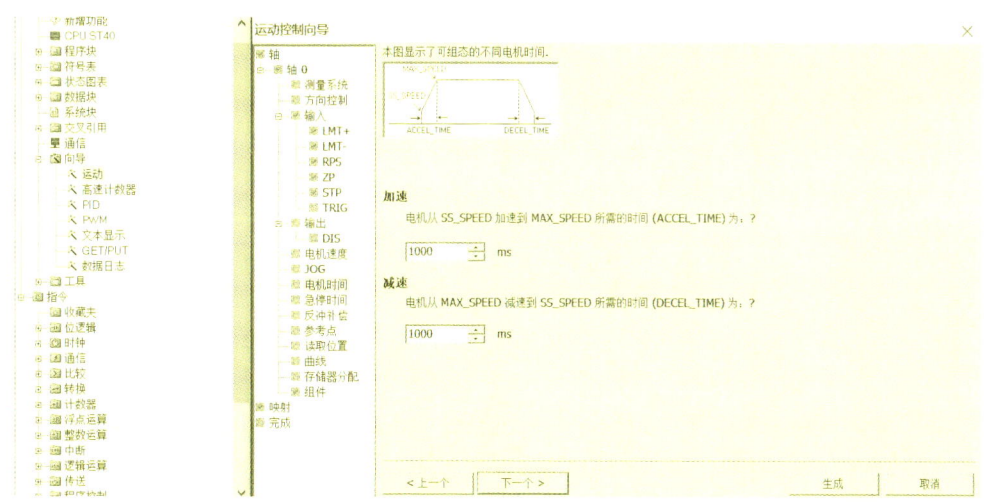

图 13　组态开环运动控制:设置加速和减速时间

10. 按以下步骤在运动控制向导中组态开环运动控制：设置急停时间参数

（1）在运动控制向导的树视图中单击任意轴的"急停时间"节点时，都将显示对话框。

（2）急停补偿提供较平稳的位置控制，方法是减少移动包络的加速和减速部分中的急停（速率变化）。减少急停可改善位置追踪性能。急停补偿又称作 S 曲线成型。急停补偿仅适用于简单的一步包络。

（3）可以通过输入一个时间值（JERK_TIME）指定急停补偿。该补偿同样应用于加速和减速曲线的开始和结束部分。较长的急停时间产生较平缓的操作，但会增加总加速和减速时间。零数值则表明未应用任何补偿（默认值＝0ms）。

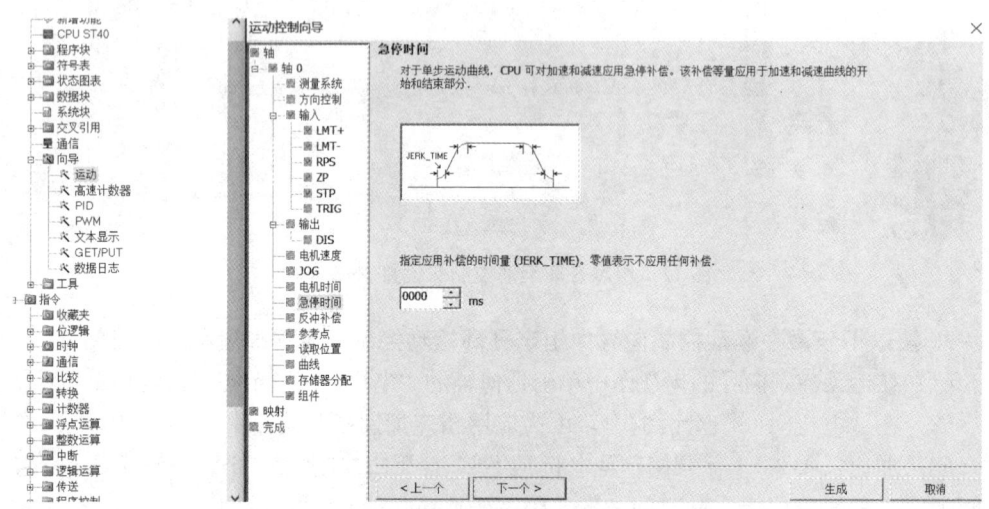

图 14　组态开环运动控制：设置急停时间参数

11. 按以下步骤在运动控制向导中组态开环运动控制：组态参考点

（1）在运动控制向导的树视图中单击任何轴的"参考点"节点时，将显示对话框。

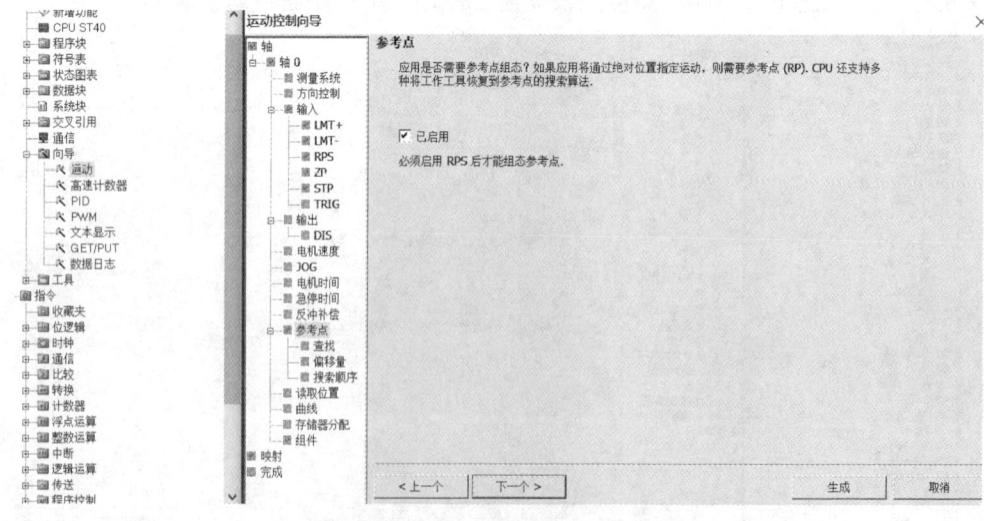

图 15　组态开环运动控制：组态参考点

(2) 在"参考点"(reference point)对话框中,可为应用选择参考点功能。此屏幕包含一个只有在已定义参考点开关(RPS)输入时才启用的复选框。如果启用参考点,则在树视图中的"参考点"(reference point)节点下多出三个节点。这三个节点命名为:查找、偏移、搜索顺序。

(3) 应用程序指定距绝对位置的移动,则必须建立一个零位置,该位置将位置测量值固定为实际系统中的一个已知点。其中一个方法是在实际系统中提供一个参考点(RP)。

12. 按以下步骤在运动控制向导中组态开环运动控制:分配存储器

(1) 在运动控制向导的树视图中单击任何轴的"存储器分配"节点时,将显示对话框。

(2) 在"存储器分配"(memory allocation)对话框中,可分配存储组态/曲线表的存储器地址。组态表的长度取决于定义的曲线数和定义的最大曲线的步数。"建议"按钮为用户提供一个 V 存储器的开放区域,可在其中存储组态/曲线表。

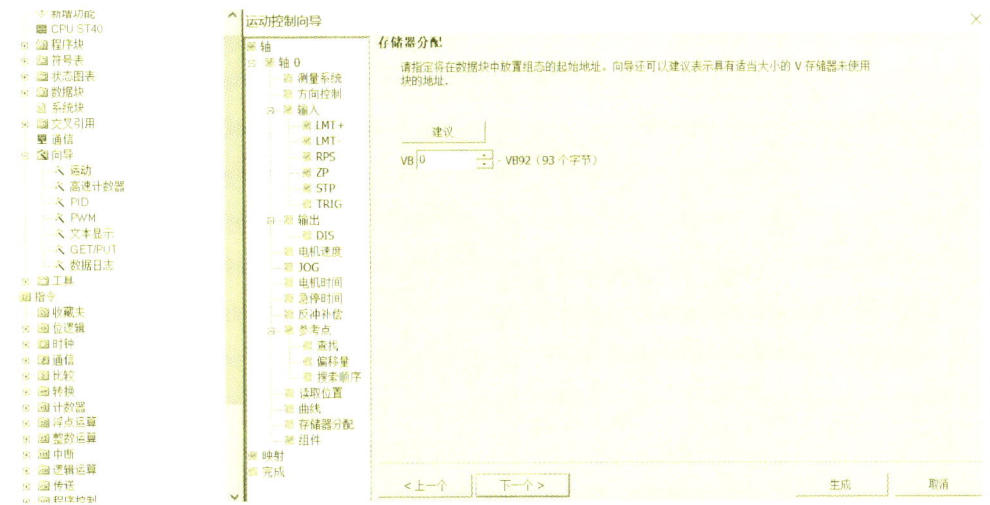

图 16　组态开环运动控制:分配存储器

二、运动控制向导为运动轴创建的子程序

表 3　运动控制向导为运动轴创建的子程序

子程序	说明
AXISX_CTRL	提供轴的初始化和全面控制
AXISX_MAN	用于轴的手动模式操作
AXISX_GOTO	命令轴转到指定位置
AXISX_RUN	命令轴执行已组态的运动曲线
AXISX_RSEEK	启动参考点查找操作
AXISX_LDOFF	建立一个偏移参考点位置的新零点位置
AXISX_LDPOS	将轴位置更改为新值
AXISX_SPATE	修改已组态的加速、减速和急停补偿时间

续表

AXISX_DIS	控制 DIS 输出
AXISX_CFG	根据需要读取组态块并更新轴设置
AXISX_CACHE	预先缓冲已组态的运动曲线
AXISX_RDPOS	返回当前轴位置

注意：除了每次扫描时都必须激活的 AXISX_CTRL 外，每个动作都必须确保一次只有一个运动控制子例程处于激活状态。每个运动子例程都有"AXISX_"前缀，其中"X"代表轴通道编号。

1. AXISX_CTRL 子例程

表 4 AXISX_CTRL 子例程

AXISX_CTRL	说明	子例程参数
AXIS0_CTRL ─EN ─MOD_EN Done─ Error─ C_Pos─ C_Speed─ C_Dir─	AXISX_CTRL 子例程（控制）启用和初始化运动轴，方法是自动命令运动轴每次 CPU 更改为 RUN 模式时加载组态/曲线表。在项目中只对每条运动轴使用此子例程一次，并确保程序会在每次扫描时调用此子例程。使用 SM0.0（始终开启）作为 EN 参数的输入	输入：MOD_EN 数据类型：BOOL 操作数：I、Q、V、M、SM、S、T、C、L、能流 输出：Done、C_Dir 数据类型：BOOL 操作数：I、Q、V、M、SM、S、T、C、L。 输出：Error 数据类型：BYTE 操作数：IB、QB、VB、MB、SMB、SB、LB、AC、*VD、*AC、*LD 输出：C_Pos、C_Speed 数据类型：DINT、REAL 操作数：ID、QD、VD、MD、SMD、SD、LD、AC、*VD、*AC、*LD

注意：MOD_EN 参数必须开启，才能启用其他运动控制子例程向运动轴发送命令。如果 MOD_EN 参数关闭，则运动轴将中止进行中的任何指令并执行减速停止。AXISX_CTRL 子例程的输出参数提供运动轴的当前状态。当运动轴完成任何一个子例程时，Done 参数会开启。Error 参数包含该子例程的结果。C_Pos 参数表示运动轴的当前位置。根据测量单位，该值是脉冲数（DINT）或工程单位数（REAL）。C_Speed 参数提供运动轴的当前速度。针对脉冲组态运动轴的测量系统，C_Speed 是一个 DINT 数值，其中包含脉冲数/每秒。针对工程单位组态测量系统 C_Speed 是一个 REAL 数值，其中包含选择的工程单位数/每秒（REAL）。C_Dir 参数表示电机的当前方向：信号状态 0＝正向，信号状态 1＝反向。

2. AXISX_MAN 子例程

表 5　AXISX_MAN 子例程

AXISX_MAN	说明	子例程参数
AXIS0_MAN ─EN ─RUN ─JOG_P ─JOG_N ─Speed　　Error─ ─Dir　　　C_Pos─ 　　　　　C_Speed─ 　　　　　C_Dir─	AXISX_MAN 子例程（手动模式）将运动轴置为手动模式。这允许电机按不同的速度运行，或沿正向或负向慢进。在同一时间仅能启用 RUN、JOG_P 或 JOG_N 输入之一	输入：RUN、JOG_P、JOG_N、Dir 数据类型：BOOL 操作数：I、Q、V、M、SM、S、T、C、L、能流（Dir 除外）
		输入：Speed 数据类型：DINT、REAL 操作数：ID、QD、VD、MD、SMD、SD、LD、AC、＊VD、＊AC、＊LD、常数
		输出：C_Dir 数据类型：BOOL 操作数：I、Q、V、M、SM、S、T、C、L
		输出：Error 数据类型：BYTE 操作数：IB、QB、VB、MB、SMB、SB、LB、AC、＊VD、＊AC、＊LD
		输出：C_Pos、C_Speed 数据类型：DINT、REAL 操作数 ID、QD、VD、MD、SMD、SD、LD、AC、＊VD、＊AC、＊LD

注意：启用 RUN（运行/停止）参数会命令运动轴加速至指定的速度（Speed 参数）和方向（Dir 参数）。可以在电机运行时更改 Speed 参数，但 Dir 参数必须保持为常数。禁用 RUN 参数会命令运动轴减速，直至电机停止。启用 JOG_P（点动正向旋转）或 JOG_N（点动反向旋转）参数会命令运动轴正向或反向点动。JOG_P 或 JOG_N 参数保持启用的时间短于 0.5 秒，则运动轴将通过脉冲指示移动 JOG_INCREMENT 中指定的距离。JOG_P 或 JOG_N 参数保持启用的时间为 0.5 秒或更长，则运动轴将开始加速至指定的 JOG_SPEED。Speed 参数决定启用 RUN 时的速度。针对脉冲组态运动轴的测量系统，则速度为 DINT 值（脉冲数/每秒）。针对工程单位组态运动轴的测量系统，则速度为 REAL 值（单位数/每秒）。可以在电机运行时更改该参数。C_Pos 参数包含运动轴的当前位置。C_Speed 参数包含运动轴的当前速度。C_Dir 参数表示电机的当前方向。

3. AXISX_RUN 子例程

表 6　AXISX_RUN 子例程

AXISX_RUN	说明	子例程参数
AXIS0_RUN ─EN ─START ─Profile　　Done─ ─Abort　　Error─ 　　　　C_Profile─ 　　　　C_Step─ 　　　　C_Pos─ 　　　　C_Speed─	AXISX_RUN 子例（运行曲线）命令运动轴按照存储在组态/曲线表的特定曲线执行运动操作	输入：START Abort 数据类型：BOOL 操作数：I、Q、V、M、SM、S、T、C、L、能流
		输入：Profile 数据类型：BYTE 操作数：IB、QB、VB、MB、SMB、SB、LB、AC、＊VD、＊AC、＊LD、常数

续表

AXISX_RUN	说明	子例程参数
		输出：Done 数据类型：BOOL 操作数：I、Q、V、M、SM、S、T、C、L
		输出：Error、C_Profile、C_Step 数据类型：BYTE 操作数：IB、QB、VB、MB、SMB、SB、LB、AC、*VD、*AC、*LD
		输出：C_Pos、C_Speed 数据类型：DINT、REAL 操作数：ID、QD、VD、MD、SMD、SD、LD、AC、*VD、*AC、*LD

注意：开启 EN 位会启用此子例程。确保 EN 位保持开启，直至 Done 位指示子例程执行已经完成。开启 START 参数将向运动轴发出 RUN 命令。对于在 START 参数开启且运动轴当前不繁忙时执行的每次扫描，该子例程向运动轴发送一个 RUN 命令。为了确保仅发送了一个命令，请使用边沿检测元素用脉冲方式开启 START 参数。Profile 参数包含运动曲线的编号或符号名称。"Profile"输入必须介于 0~31，否则子例程将返回错误。

4. AXISX_GOTO 子例程

表 7　AXISX_GOTO 子例程

AXISX_GOTO	说明	子例程参数
AXIS0_GOTO EN START Pos　　Done Speed　Error Mode　C_Pos Abort　C_Speed	AXISX_GOTO 子例程命令运动轴转到所需位置	输入：START 数据类型：BOOL 操作数：I、Q、V、M、SM、S、T、C、L、能流
		输入：Pos、Speed 数据类型：DINT、REAL 操作数：ID、QD、VD、MD、SMD、SD、LD、AC、*VD、*AC、*LD、常数
		输入：Mode 数据类型：BYTE 操作数：IB、QB、VB、MB、SMB、SB、LB、AC、*VD、*AC、*LD、常数
		输入：Abort 数据类型：BOOL 操作数：I、Q、V、M、SM、S、T、C、L
		输出：Done 数据类型：BOOL 操作数：I、Q、V、M、SM、S、T、C、L
		输出：Error 数据类型：BYTE 操作数：IB、QB、VB、MB、SMB、SB、LB、AC、*VD、*AC、*LD
		输出：C_Pos、C_Speed 数据类型：DINT、REAL 操作数：ID、QD、VD、MD、SMD、SD、LD、AC、*VD、*AC、*LD

续表

AXISX_GOTO	说明	子例程参数

注意：开启 EN 位会启用此子例程。确保 EN 位保持开启，直至 DONE 位指示子例程执行已经完成。开启 START 参数会向运动轴发出 GOTO 命令。对于在 START 参数开启且运动轴当前不繁忙时执行的每次扫描，该子例程向运动轴发送一个 GOTO 命令。为了确保仅发送了一个 GOTO 命令，请使用边沿检测元素用脉冲方式开启 START 参数。Pos 参数包含一个数值，指示要移动的位置（绝对移动）或要移动的距离（相对移动）。根据所选的测量单位，该值是脉冲数（DINT）或工程单位数（REAL）。Speed 参数确定该移动的最高速度。根据所选的测量单位，该值是脉冲数/每秒（DINT）或工程单位数/每秒（REAL）。Mode 参数选择移动的类型：0：绝对位置，1：相对位置，2：单速连续正向旋转，3：单速连续反向旋转。当运动轴完成此子例程时，Done 参数会开启。开启 Abort 参数会命令运动轴停止执行此命令并减速，直至电机停止。C_Pos 参数包含运动轴的当前位置。C_Speed 参数包含运动轴的当前速度。

5. AXISX_RSEEK 子例程

表 8　AXISX_RSEEK 子例程

AXISX_RSEEK	说明	子例程参数
AXIS0_RSEEK EN START Done Error	AXISX_RSEEK 子例程（搜索参考点位置）使用组态/曲线表中的搜索方法启动参考点搜索操作。运动轴找到参考点且运动停止后，运动轴 RP_OFFSET 参数值载入当前位置	输入：START 数据类型：BOOL 操作数：I, Q, V, M, SM, S, T, C, L, 能流 输出：Done 数据类型：BOOL 操作数：I, Q, V, M, SM, S, T, C, L 输出：Error 数据类型：BYTE 操作数：IB, QB, VB, MB, SMB, SB, LB, AC, *VD, *AC, *LD

注意：RP_OFFSET 的默认值为 0。可使用运动控制向导、运动控制面板或 AXISX_LDOFF（加载偏移量）子例程来更改 RP_OFFSET 值。开启 EN 位会启用此子例程。确保 EN 位保持开启，直至 Done 位指示子例程执行已经完成。开启 START 参数将向运动轴发出 RSEEK 命令。对于在 START 参数开启且运动轴当前不繁忙时执行的每次扫描，该子例程向运动轴发送一个 RSEEK 命令。为了确保仅发送了一个命令，请使用边沿检测元素用脉冲方式开启 START 参数。当运动轴完成此子例程时，Done 参数会开启。

6. AXISX _ LDOFF 子例程

表 9　AXISX _ LDOFF 子例程

AXISX _ LDOFF	说明	子例程参数
AXIS0_LDOFF EN START 　　Done 　　Error	AXISX _ LDOFF 子例程（加载参考点偏移量）建立一个与参考点处于不同位置的新的零位置。在执行该子例程之前，必须首先确定参考点的位置。还必须将机器移至起始位置。当子例程发 LDOFF 命令时，运动轴计算起始位置（当前位置）与参考点位置之间的偏移量。运动轴然后将算出的偏移量存储到 RP _ OFFSET 参数并将当前位置设为 0。这将起始位置建立为零位置。如果电机失去对位置的追踪（例如断电或手动更换电机的位置），您可以使用 AXISX _ RSEEK 子例程自动重新建立零位置	输入：START 数据类型：BOOL 操作数：I、Q、V、M、SM、S、T、C、L、能流 输出：Done 数据类型：BOOL 操作数：I、Q、V、M、SM、S、T、C、L 输出：Error 数据类型：BYTE 操作数：IB、QB、VB、MB、SMB、SB、LB、AC、＊VD、＊AC、＊LD

注意：开启 EN 位会启用此子例程。确保 EN 位保持开启，直至 Done 位指示子例程执行已经完成。开启 START 参数将向运动轴发出 LDOFF 命令。对于在 START 参数开启且运动轴当前不繁忙时执行的每次扫描，该子例程向运动轴发送一个 LDOFF 命令。为了确保仅发送了一个命令，请使用边沿检测元素用脉冲方式开启 START 参数。当运动轴完成此子例程时，Done 参数会开启。

例 1：通过运动控制向导组态的设置，让伺服电动机实现正反转。

表 10　设置步骤

（1）打开运动控制向导，在"工具"（TOOL）菜单功能区的"向导"（Wizards）区域单击"运动"按钮。

（2）在运动控制向导中组态开环运动控制：组态轴数、选择轴名称、选择测量系统、选择方向控制和输出组态、组态输入和输出引脚分配、指定电机速度、设置 JOG 参数、设置加速和减速时间、设置急停时间参数、组态参考点、分配存储器。

（3）选择运动控制向导为运动轴创建的子程序：AXISX _ CTRL/提供轴的初始化和全面控制；AXISX _ MAN/用于轴的手动模式操作。

（1）梯形图。

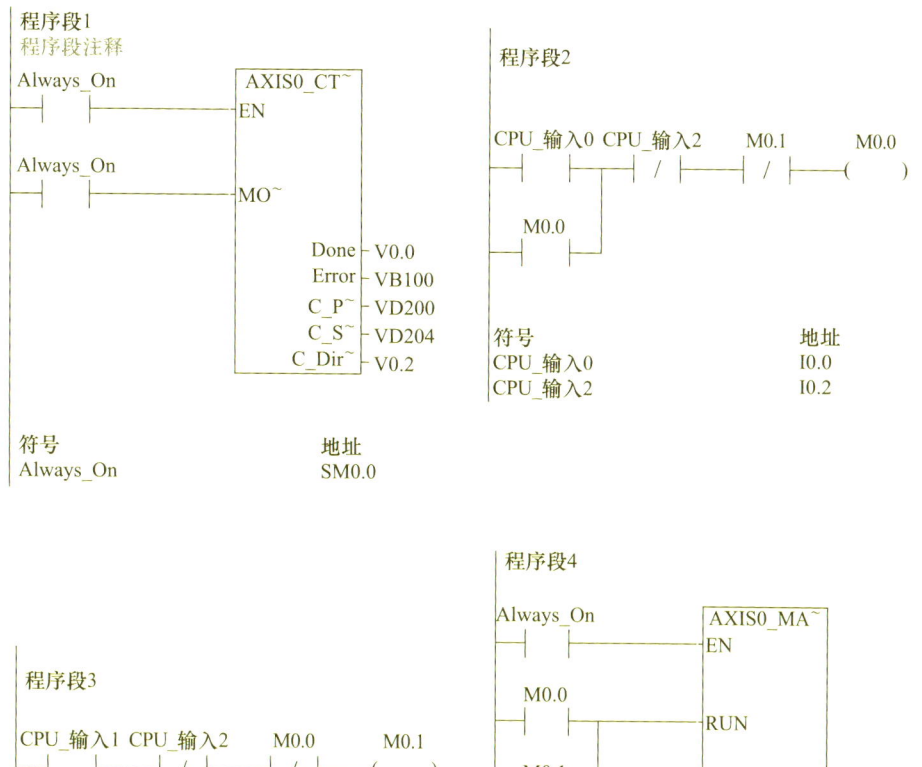

注意：STEP7-Microwin smart 只有 2～3 个输出脉冲接口，Q0.0、Q0.1、Q0.2，同时需配合相应的伺服驱动器使电机正常运转。选择轴 0 即通过 Q0.0 发脉冲。

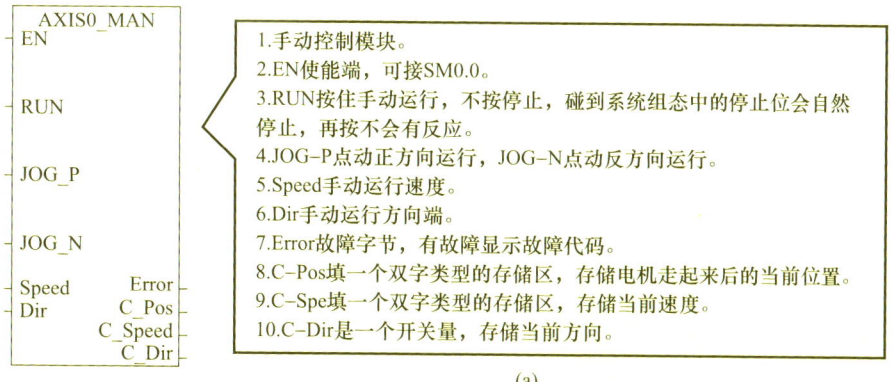

(a)

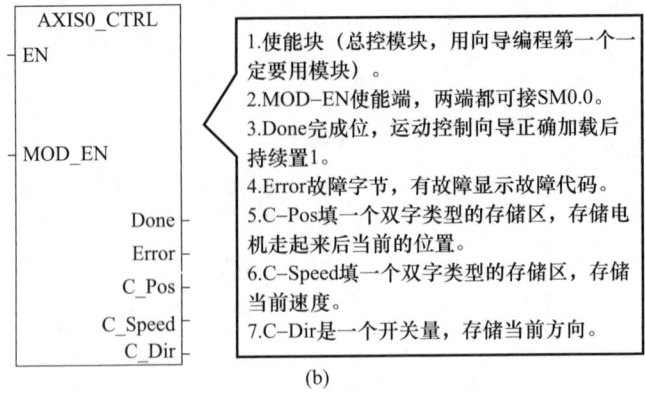

图 17 梯形图

（2）外部接线图。

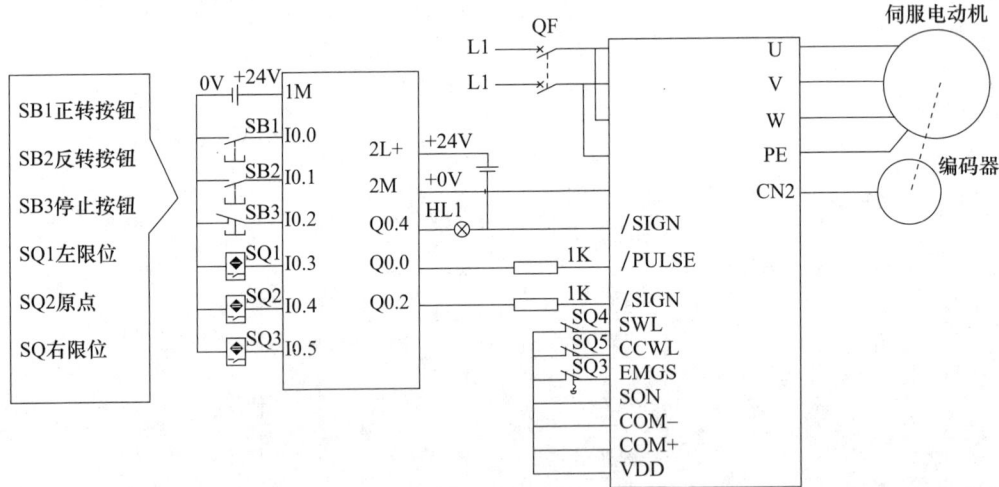

图 18 外部接线图

例 2：通过运动控制向导组态的设置，让伺服电动机实现正、反方向 100.0mm 的定位。

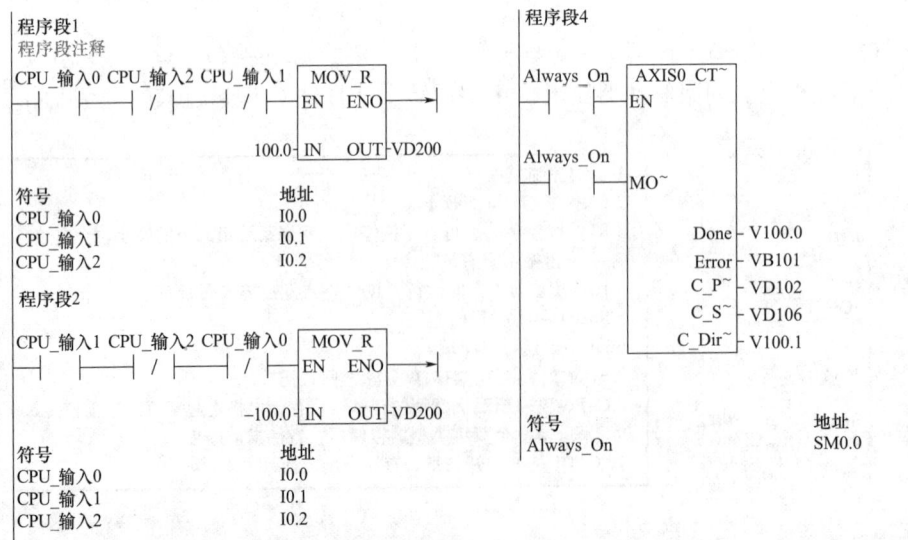

```
                                    程序段5
                                    Always_On              AXIS0_GO~
                                      ─┤├─                  EN
    程序段3                          CPU_输入0
   CPU_输入2    M0.2                  ─┤├──┤P├─             STA~
    ─┤├───────( )                   CPU_输入1
                                      ─┤├──        VD200 ─ Pos     Done ─ V100.2
                                                    50.0 ─ Spe~    Error ─ VB110
                                                       1 ─ Mode    C_P~ ─ VD102
                                                    M0.2 ─ Abort   C_S~ ─ VD106
```

思考回答：你觉得实训中需要用到哪些 PLC 元器件和操作指令？

任务执行

一、实施阶段

现有某伺服系统，伺服型号 ABD-B-204HB，伺服电动机型号 ECMA-C30604PS，是三相交流同步伺服电动机，设计由 PLC 来控制运行，按下复位按钮 SB1 时，伺服系统回原点；按下启动按钮 SB2 时，伺服电动机带动滑块向前，速度为 10mm/s，运行 50mm，停 2s，再运行 50mm，停 2s，然后返回原点，完成一个循环过程；按下停止按钮 SB3，系统立即停止。

记录下你的具体工作内容是什么？

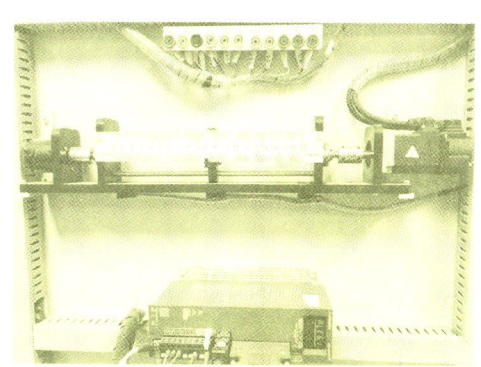

图 19　伺服电动机

二、实施过程

1. 编制伺服电动机运动的 PLC 控制程序,根据实际操作和图示写出具体内容。

图 20　PLC 控制:外部接线图　　　　图 21　梯形图程序

工作原理:

_____

_____

_____

_____

_____

_____

调试过程:

_____

_____

_____

_____

根据控制要求,选择合适的低压电器,并填写下表。

表 11　低压电器选择

代号	名称	型号	规格	数量
PLC				
SB				
QF				
M				

学习任务九 伺服电动机运动的PLC控制

表12 输入/输出分配表

输入部分		输出部分	
输入元件	PLC编程元件/作用	输出元件	PLC编程元件/作用
SB1		M	
SB2			
SB3			

2. 每日6S检查项目。

表13 每日6S检查项目

检查项目	工位号	检查情况	日期	检查人
整理				
整顿				
清扫				
清洁				
素养				
安全				

任务交验

表14 伺服电动机运动的PLC控制实训评价表

序号	考核项目	具体要求指标	配分	得分
1	准备工作	PLC编程软件和材料是否准备齐全	10	
2	伺服电动机运动的PLC控制	准确使用PLC编程软件编写要求程序，连接外部导线，通电运行	60	
3	成功率	程序是否按要求调试、运行	10	
4	安全	是否安全操作，无意外发生	10	
5	卫生	操作结束后，工具是否摆放整齐，废料和垃圾是否清理干净	10	
		合计	100	
简要评价（含个人德育、学习、劳动、审美、体育）			学生小组签名	

任务评价

表15 学习活动综合评价表

学习活动_____ 学生姓名_____ 学号_____

评价项目	评价要点	配分	得分
平时表现评价	出勤情况、工装穿戴情况	10	
	纪律情况、学习主动性	10	
	6S执行情况	10	
综合能力评价	是否能够积极查询资料完成咨询内容	20	
	是否正确完成计划和学习任务的制定	10	
	计划实施：是否正确完成和执行计划	10	
	调试和检修：是否能够正确调试和检修	20	
情感态度评价	团队合作、互动与创新情况	5	
	实践动手操作的兴趣、态度、积极性	5	
合计		100	

简要评述（素质教育） 　　　　　　　　　　　　　教师签名

小资料

　　张海迪，女，汉族，1955年9月出生，山东文登人，1981年8月参加工作，1982年12月加入中国共产党，吉林大学哲学系哲学专业毕业，在职研究生学历，哲学硕士学位，德国巴伐利亚州班贝格国际艺术家之家访问学者，英国约克大学荣誉博士。现任第十二届全国政协常委，中国残联第六届主席团主席。

　　历任山东省莘县广播事业局无线电修理工，山东省聊城市文联创作室创作员，山东省济南市文联创作室创作员，山东省作家协会文学创作室一级作家，山东省青年联合会副主席，山东省残联主席团副主席，山东省作家协会副主席，中国残联第一届、二届、三届主席团委员，中国肢残人协会第三届、四届委员会主席，中国残联第四届主席团副主席，中国残联第五届主席团主席。中共第十八次全国代表大会代表，第九届、十届全国政协委员，第十一届全国政协常委，中国作家协会全国委员会委员。

　　她的主要作品有《轮椅上的梦》、《鸿雁快快飞》、《向天空敞开窗口》、《生命的追问》、《绝顶》等。

学习活动二　工作总结与评价

任务目标

1. 能掌握运动控制的向导组态设置。
2. 能掌握运动控制向导为运动轴创建的子例程。
3. 能掌握伺服电动机运动的PLC控制。
4. 养成爱护器材、工具和仪表的习惯,做到工具有序放置及实训场地随时清整。

任务时间

4课时。

任务汇报

一、训练汇报

以小组为单位,选择成员进行伺服电动机运动的PLC控制的操作过程演示,并简要说明操作过程中的经验和体会。汇报的内容应包括:1. 学到了什么? 2. 是否存在问题? 若有问题,是什么问题? 是什么原因导致的? 下次该如何避免?

表1　训练汇报内容

汇报人	汇报内容	值得学习的地方	还需改进的地方

续表

汇报人	汇报内容	值得学习的地方	还需改进的地方

二、任务综合评价

表2 学习任务九 伺服电动机运动的PLC控制综合评价表

被评价人			评价时间			
评价项目	评价内容	评价标准	评价方式			
			自我评价	小组评价	教师评价	
劳动素养	安全意识 责任意识	A 作风严谨、自觉遵章守纪、出色地完成工作任务 B 能够遵守规章制度、较好地完成工作任务 C 遵守规章制度、没完成工作任务，或虽完成工作任务但未严格遵守规章制度 D 不遵守规章制度、没完成工作任务				
职业素养	学习态度	A 积极参与教学活动，全勤 B 缺勤达本任务总学时的10% C 缺勤达本任务总学时的20% D 缺勤达本任务总学时的30%				
	团队合作意识	A 与同学协作融洽、团队合作意识强 B 与同学能沟通、协同工作能力较强 C 与同学能沟通、协同工作能力一般 D 与同学沟通困难、协同工作能力较差				
专业能力	学习活动1 伺服电动机运动的PLC控制	A 按时、完整地完成工作页，问题回答正确，数据记录准确完整 B 按时、完整地完成工作页，问题回答基本正确，数据记录基本准确 C 未能按时完成工作页，或内容遗漏、错误较多 D 未完成工作页				
	学习活动2 工作总结与评价	A 学习活动评价成绩为90～100分 B 学习活动评价成绩为75～89分 C 学习活动评价成绩为60～74分 D 学习活动评价成绩为0～59分				
评价人签字						
创新能力		学习过程中提出具有创新性、可行性的建议	加分奖励：			
指导教师			日期			

学习任务十　工厂进出型直压式压合机案例

任务目标

1. 能掌握进出型直压式压合机的元器件选型及电气线路的安装。
2. 能掌握进出型直压式压合机的 PLC 控制。

任务时间

36 课时。

任务工作情境

生产工具日益复杂化、精良化，是推动社会生产力发展的一个重要因素。各种不同的自动化设备在现代自动化机器体系中的应用越来越多。进出型直压式压合机采用 PLC 作为整个系统的控制中心，来实现贴附全过程操作，可减少劳动力并提高生产效率，适于自动化流水线作业。

现委托厂中校在进出型直压式压合机样机基础外形已经完成的情况下，一个星期内完成其余部分设计以及安装、调试。要求：（1）各类元器件的选型及安装；（2）电气线路的安装及检测；（3）PLC 控制系统的设计及试运行；（4）PLC 控制进出型直压式压合机质量达到设计要求，在生产线上能正常地使用，为生产提供巨大的便利。

任务工作流程与活动

1. 进出型直压式压合机的元器件选型及电气线路的安装。
2. 进出型直压式压合机的 PLC 控制。
3. 工作总结与评价。

学习活动一　进出型直压式压合机元器件选型及电气线路安装

任务目标

1. 能根据厂方要求进行元器件选型。
2. 能根据布置图选择相应的元器件，合理布局，并安装元器件。
3. 能根据接线图连接电气元件，并用万用表检测线路。

学习任务十　工厂进出型直压式压合机案例

任务时间

18 课时。

任务策划

一、任务要求

手机在人们生活中的地位越来越重要，因此手机的生产量也与日俱增。在手机的生产过程中，部件贴装后，需要一定的力进行压附，在此背景下进出型直压式压合机应运而生。压合机结构简单、操作方便、价格便宜、性能优越，以压缩空气为动源可节省电力消耗，降低生产成本，具有很高的性价比。本任务是根据厂方要求，在进出型直压式压合机样机基础外形已经完成的情况下，完成进出型直压式压合机（SONY 压合治具）的各类元器件的选型及合理布局、电气线路的安装与检测。

本任务中压合机的部分参数及注意事项：

电源电压：AC　220V/50Hz；

气源气压：5~7　kgf/cm^2；

外形尺寸：260×265×335mm；

注意事项：压头需做包胶处理，机台调试好后，非专业人员不得私自调节各参数。

二、任务分析

表 1　任务分析及任务计划书

项　目	
任务分析	
任务计划	
成　员	

🛠 任务准备

一、气路系统简介

1. 气动系统的特性

表2 气动系统优缺点

自动化机械和手动工具上广泛应用到气动	
优点	缺点
（1）响应速度快。 （2）污染少，维护方便。 （3）具有过载保护的功能。 （4）有防爆的特性。	（1）速度不均匀。 （2）功率较小。 （3）需要配备空气压缩机等辅助设备。

2. 气动系统组成

表3 气动系统组成

空气压缩机	输送管道及配件	消耗系统
产生高压空气，冷却、过滤、干燥，并使用储气罐暂存。车间用的高压空气需要除尘、除油，但允许有少量的冷凝水，压力6~8kgf/cm²。	将高压空气输送到使用现场，包括主管道和管道滤水器，属于车间的基础设施。管道的材料一般为钢管或可锻铸铁。终端留有快速接头，以方便使用。主管道的截面积大于支管道的截面积，压缩空气在输送过程中，压力会有损失。	包括：空气处理元件，方向控制阀，执行元件。

3. 执行原件（气缸）的选用

（1）直线运动类的气缸分类。

表4 直线运动类的气缸

标准型气缸 特点：多种安装方式，各部分组合而成，自带缓冲。	
方头气缸 特点：安装简单，自带缓冲。	
方型治具气缸 特点：出力大，刚度高，双出轴的行程单向可调。	
笔形气缸 特点：多种安装方式，体积小，缸径较小。	

续表

滑座气缸（双杆缸） 　　特点：活塞杆不旋转，行程单向可调。	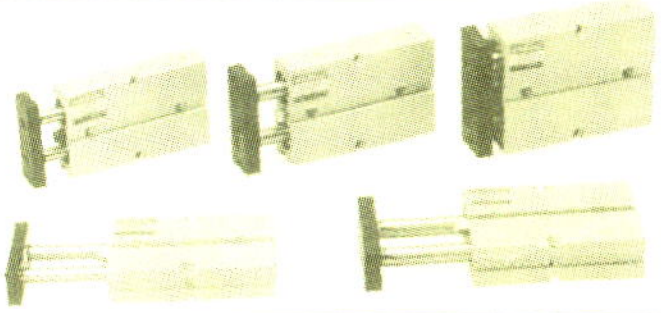
滑台气缸 　　特点：活塞杆不旋转，行程双向可调。	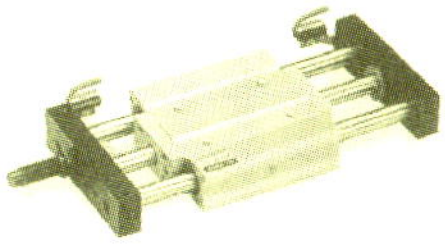
导杆气缸 　　特点：刚度较高，行程双向可调。	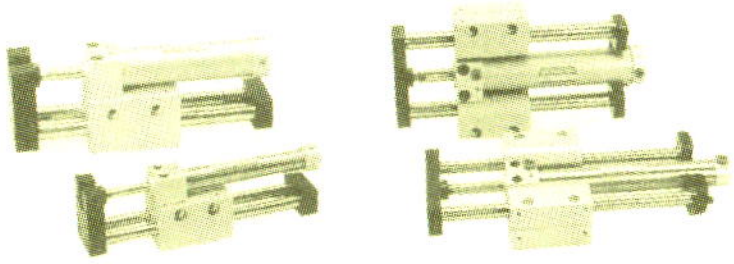
螺牙缸 　　特点：体积小，用外螺牙固定，缸径和行程较小，有单向气缸选择。	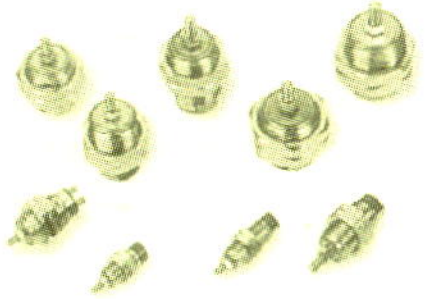
无杆气缸 　　特点：体积小，用外螺牙固定，缸径系列少，行程较长，强磁式无杆缸行程双向可调，钢带式无杆缸行程不可调，双向缓冲。	

（2）旋转气缸分类

表5　旋转气缸分类

叶片驱动型	活塞驱动型

（3）机械手气缸分类

表6　机械手气缸分类

平行机械手	V形机械手
	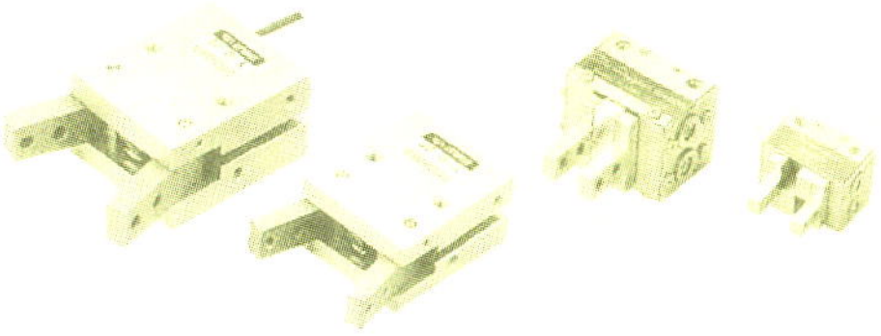

（4）空油增压缸

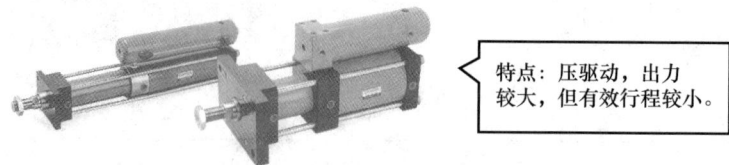

特点：压驱动，出力较大，但有效行程较小。

图 1　空油增压缸

（5）气缸感应开关的作用

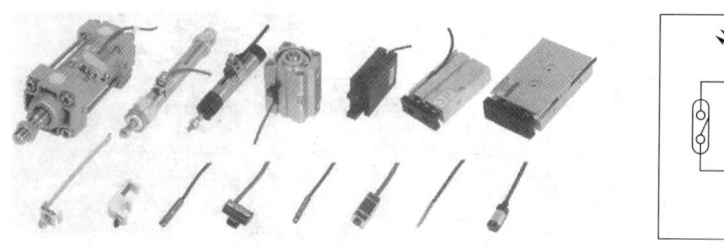
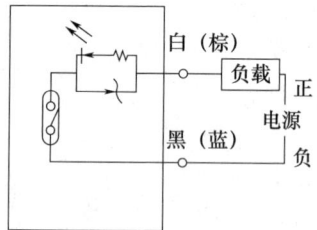

一般气缸活塞部分装有磁石，可以通过磁感应开关来判断气缸是否到位，从而使机器的动作更加连贯。

图 2　气缸感应开关的作用

二、电气系统

1. 电气接线图

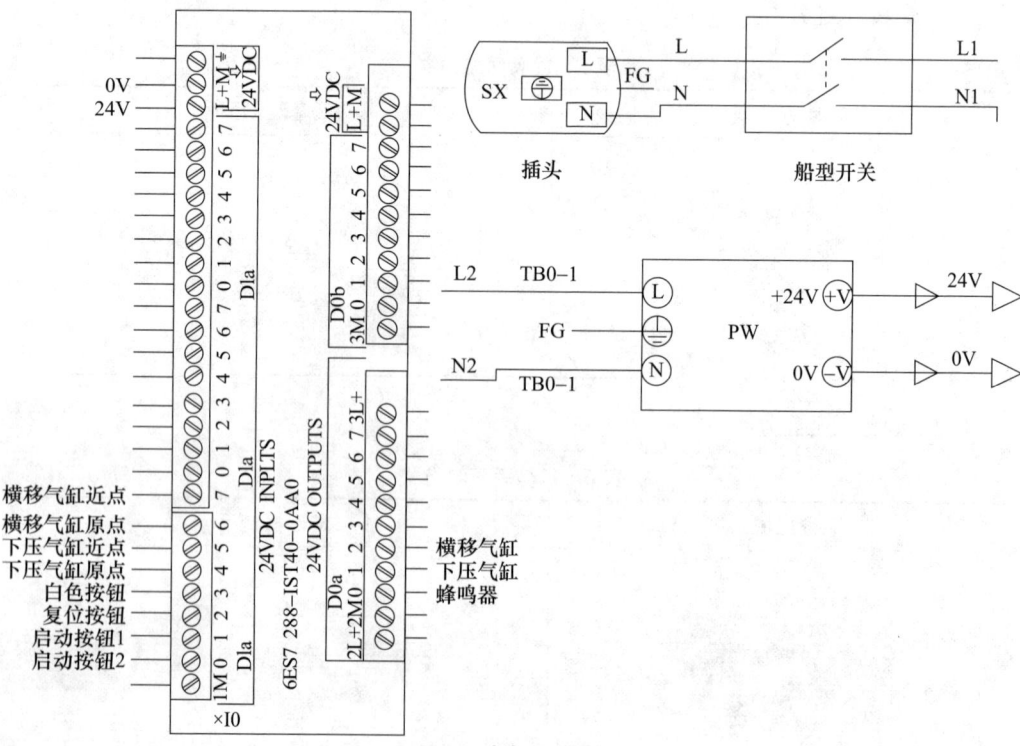

图 3　电气接线图

2. 电气元件

表7 电气元件

启动按钮	电源	PLC
		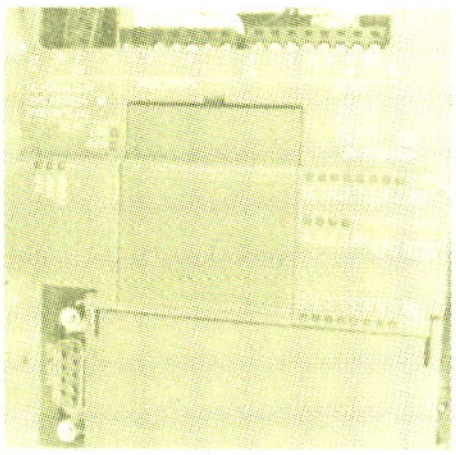
开关	插座	蜂鸣器
		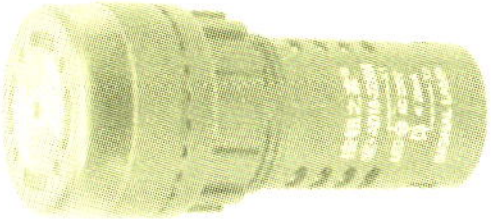
磁开关	电磁阀	停止按钮
	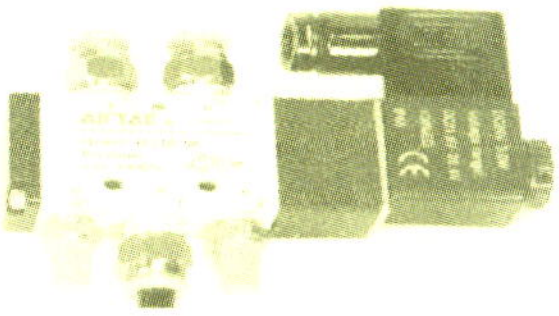	

思考回答：根据要求，在前期调研的基础上，将设备安装中需要用的元器件以及它们的型号规格填入表8。

表8 设备安装中需要用的元器件以及型号规格

序号	名称	单位	数量	型号规格	备注

续表

序号	名称	单位	数量	型号规格	备注

审核人		购买人	

任务执行

一、实施阶段

根据厂方要求：（1）进行各类元器件的选型。（2）设计电气接线图，选择合适的电气元件，合理布局，进行进出型直压式压合机电气线路的安装。（3）安装完毕后，使用万用表测量相关电器和线路。

记录下你的具体工作内容是什么？

二、实施过程

1. 写出你选择的电气元件，说明为什么？

2. 在安装的过程中需要注意什么？

3. 安装完毕后，如何进行检测？

_____
_____
_____
_____

根据控制要求，选择合适的低压电器，并填写表9、表10。

表9 低压电器表

代号	名称	型号	规格	数量
PLC				
SB				
PS				
QF				
YV				
SQ				

表10 输入/输出分配表

输入部分		输出部分	
输入元件	PLC 编程元件/作用	输出元件	PLC 编程元件/作用
SB1		YV1	
SB2		YV2	
SB3		HA	
SB4			
SQ1			
SQ2			
SQ3			

4. 每日 6S 检查项目。

表11 每日 6S 检查项目

检查项目	工位号	检查情况	日期	检查人
整理				
整顿				
清扫				
清洁				
素养				
安全				

任务交验

表 12　进出型直压式压合机元器件选型及电气线路安装实训评价表

序号	考核项目	具体要求指标	配分	得分
1	准备工作	元器件选型和其他材料是否准备齐全	10	
2	进出型直压式压合机元器件选型及电气线路安装	根据要求，按照电气接线图，选择合适电气元件，合理布局，连接外部导线，通电运行	60	
3	成功率	线路是否按要求布局，电气元件选择是否满足要求，导线连接是否正确，通电试运行是否成功	10	
4	安全	是否安全操作，无意外发生	10	
5	卫生	操作结束后，工具是否摆放整齐，废料和垃圾是否清理干净	10	
		合计	100	
简要评价（含个人德育、学习、劳动、审美、体育）			学生小组签名	

任务评价

表 13　学习活动综合评价表

学习活动＿＿＿＿＿＿＿＿＿＿　学生姓名＿＿＿＿＿＿＿＿　学号＿＿＿＿＿＿＿＿

评价项目	评价要点	配分	得分
平时表现评价	出勤情况、工装穿戴情况	10	
	纪律情况、学习主动性	10	
	6S 执行情况	10	
综合能力评价	是否能够积极查询资料完成咨询内容	20	
	是否正确完成计划和学习任务的制定	10	
	计划实施：是否正确完成和执行计划	10	
	调试和检修：是否能够正确调试和检修	20	
情感态度评价	团队合作、互动与创新情况	5	
	实践动手操作的兴趣、态度、积极性	5	
	合计	100	
简要评述（素质教育）		教师签名	

> **小知识**
>
> **故障检修的一般步骤和方法。**
>
> 1. 试验法观察故障现象,初步判定故障范围。试验法是在不扩大故障范围,不损坏电气设备和机械设备的前提下,对线路进行通电试验,通过观察电气设备和电器元件的动作,看它是否正常,各控制环节的动作程序是否符合要求,找出故障发生部位或回路。
>
> 2. 用逻辑分析法缩小故障范围。逻辑分析法是根据电器控制线路的工作原理、控制环节的动作顺序以及它们之间的联系,结合故障现象作具体的分析,迅速地缩小故障范围,从而判断出故障所在。这种方法是一种以准为前提,以快为目的的检查方法,特别适用于对复杂线路的故障检查。
>
> 3. 用测量法确定故障点。测量法是利用电工工具和仪表(测电笔、万用表、钳形电流表、兆欧表等)对线路进行带电或断电测量,是查找故障点的有效方法。分电压分阶测量法和电阻分阶测量法。

学习活动二 进出型直压式压合机的 PLC 控制

任务目标

1. 能掌握 PLC 应用系统设计与调试的主要要求和步骤。
2. 能编写符合要求的进出型直压式压合机的 PLC 控制程序。

任务时间

16 课时。

任务策划

一、任务要求

进出型直压式压合机在电子工厂中的应用比较广泛,比如手机部件的贴装需要一定的力进行压附。压合机需要操作方便安全,可与流水线配合使用。本任务要求如下:同时按下启动按钮 SB1 和 SB2 后,压合机才能启动,启动后横移气缸带动横移模板到达指定位置,然后下压气缸带动下压模板到达指定位置进行压合,到达设定的压合时间后,下压气缸带动下压模板回到起始位置,横移气缸带动横移模板回到起始位置,等待下一次工作指示。如果工作时不能在规定的时间内到达指定位置,蜂鸣器将报警。编制 PLC 控制程序,并调试运行。

(a)　　　　　　　　(b)

图 1　进出型直压式压合机示意

二、任务分析

表1 任务分析及任务计划书

项 目	
任务分析	
任务计划	
成 员	

任务准备

一、PLC 应用系统设计与调试的主要要求和步骤

1. 深入了解和分析被控对象的工艺条件和控制要求

被控对象是指系统中受控的机电设备、生产线或生产过程等。控制要求主要指控制的基本方式、应完成的动作、自动工作循环的组成、必要的保护及联锁等。对较复杂的控制系统，还可将控制任务分成几个独立部分进行设计，化整为零，有利于编程和调试。该步骤是整个系统设计的基础。

2. 确定 I/O 设备

根据被控对象对 PLC 应用系统的功能要求，确定系统所需的用户输入元件、输出元件及由输出元件驱动的控制对象。在 PLC 控制系统中常用的输入元件有按钮、选择开关、行程开关、传感器等；常用的输出元件有继电器、接触器、指示灯、电磁阀等。当输出元件确定后，相对应的输出电源的种类、电压等级及容量就可以一并确定。

3. 选择合适的 PLC 型号

选择 PLC 型号的原则是应在满足控制系统要求的前提下，保证系统安全可靠、维护简单、性价比高、有适当的余量等原则下进行。

首先根据已确定的用户 I/O 设备，统计所需的输入和输出信号的点数，然后按既要充分发挥 PLC 的性能，又要在 PLC 的 I/O 点数和内存留有余量的前提下来选择合适类型的 PLC，并按照控制要求，选取合适的 A/D、D/A、I/O 扩展、电源及显示等模块。在一般情况下，I/O 点数应留有实际应用 10% 的备用量，内存容量一般要留有实际运行程序 25% 的备用量。

4. I/O 地址分配

进行输入/输出点的分配，并编制输入/输出分配表且绘制 PLC 系统外部接线图。为便于程序设计，也可以将定时器、计数器、内部辅助继电器等元件按类编制表格，写出元件名、设定值及具体作用。

完成以上内容后，就可以进行 PLC 程序设计。在程序设计的同时也可以进行控制柜或操作台的设计及现场施工。

5. 设计应用系统的 PLC 梯形图程序

编程是指根据流程图或工作功能图表等设计出梯形图的过程，是整个 PLC 系统设计的核心部分，也是比较困难的一步。要设计梯形图，首先必须要十分熟悉系统的控制要求，同时设计人员还应具备一定的电气设计的实践经验。

6. 将程序输入 PLC

将程序输入 PLC 有两种方法：一种是用手持编程器输入；另一种是用带编程软件的计算机通过通信电缆下载到 PLC。在使用手持编程器输入程序时，需使用指令表语言，比较麻烦，现在已基本不用。如今在工业现场，大多是利用编程软件在计算机上编程，然后通过连接计算机和 PLC 的通信电缆将程序直接下载到 PLC。

7. 软件模拟调试

将程序输入 PLC 后，应先进行模拟调试工作。因为在程序设计过程中，难免会有疏漏的地方，因此在将 PLC 连接到现场设备之前，必须进行软件调试，以排除程序中的错误。另外，软件调试时，应充分考虑实际使用时可能出现的各种故障并进行模拟调试，若不能满足应及时修改程序。

软件模拟调试是整体调试的基础，有效的模拟调试将会缩短整体调试的周期。另外，一般的编程软件都提供监控功能，可以利用监控功能进行软件调试。

8. 现场调试

在以上步骤完成后，就可以进行整个系统的联机调试。把 PLC 程序安装到实际的控制系统中，连上实际的输入信号和负载设备，然后进行现场调试。在调试中出现的问题，要逐一排除，直至调试成功。

9. 编制技术文件

整理好 PLC 外部接线图、相关电气控制原理图、带注释的 PLC 软件程序和必要的文字说明、设备清单、电器布置图、电气元件明细表、操作说明书、调试流程步骤等文件，为系统交付使用及以后的维护与改进等做好准备。

二、PLC 元器件及指令

PLC 元器：中间继电器、变量存储器。

指令：置位和复位指令、数据传送指令、比较指令、定时器指令。

思考回答 1. 你觉得实训编程中需要用到哪些元器件及指令？

思考回答 2. 写出你的设计思路？

一、实施阶段

针对进出型直压式压合机的 PLC 控制,记录下你的具体工作内容是什么?

_____
_____
_____
_____
_____

二、实施过程

1. 编制进出型直压式压合机的 PLC 控制程序,根据实际操作和图示写出具体内容。

图 2　PLC 控制:外部接线图　　　　图 3　梯形图程序

根据控制要求,选择合适的低压电器,并填写表 2、表 3。

表 2　低压电器表

代号	名称	型号	规格	数量
PLC				
SB				
PS				
QF				
YV				
SQ				

表3 输入/输出分配表

输入部分		输出部分	
输入元件	PLC 编程元件/作用	输出元件	PLC 编程元件/作用
SB1/SB2		YV1	
SB3		YV2	
SB4		HA	
SQ1			
SQ2			
SQ3			

2. 每日 6S 检查项目。

表4 每日 6S 检查项目

检查项目	工位号	检查情况	日期	检查人
整理				
整顿				
清扫				
清洁				
素养				
安全				

任务交验

表5 进出型直压式压合机的 PLC 控制实训评价表

序号	考核项目	具体要求指标	配分	得分
1	准备工作	PLC 编程软件和材料是否准备齐全	10	
2	进出型直压式压合机的 PLC 控制	明确思路，准确使用 PLC 编程软件编写要求程序，连接外部导线，通电试运行	60	
3	成功率	程序是否按要求调试、运行	10	
4	安全	是否安全操作，无意外发生	10	
5	卫生	操作结束后，工具是否摆放整齐，废料和垃圾是否清理干净	10	
		合计	100	
简要评价（含个人德育、学习、劳动、审美、体育）			学生小组签名	

任务评定

表6　学习活动综合评价表

学习活动_____　　学生姓名_____　　学号_____

评价项目	评 价 要 点	配分	得分
平时表现评价	出勤情况、工装穿戴情况	10	
	纪律情况、学习主动性	10	
	6S执行情况	10	
综合能力评价	是否能够积极查询资料完成咨询内容	20	
	是否正确完成计划和学习任务的制定	10	
	计划实施：是否正确完成和执行计划	10	
	调试和检修：是否能够正确调试和检修	20	
情感态度评价	团队合作、互动与创新情况	5	
	实践动手操作的兴趣、态度、积极性	5	
合计			
简要评述（素质教育）		教师签名	

小资料

阿尔伯特·爱因斯坦（德语/英语：Albert Einstein；1879年3月14日—1955年4月18日），出生于德国巴登-符腾堡州乌尔姆市，现代物理学家。

1900年毕业于瑞士苏黎世联邦理工学院，入瑞士国籍。1905年，爱因斯坦获苏黎世大学物理学博士学位，并提出光子假设、成功解释了光电效应（因此获得1921年诺贝尔物理学奖）；同年创立狭义相对论，1915年创立广义相对论，1933年移居美国，在普林斯顿高等研究院任职。1955年4月18日，爱因斯坦于美国新泽西州普林斯顿逝世，享年76岁。

1999年12月，爱因斯坦被美国《时代》周刊评选为20世纪的"世纪伟人（Person of the Century）"。爱因斯坦的理论为核能的开发奠定了理论基础。他积极倡导和平、反对使用核武器，并签署了《罗素—爱因斯坦宣言》。爱因斯坦开创了现代科学技术新纪元，被公认为是继伽利略、牛顿之后最伟大的物理学家，也是批判学派科学哲学思想之集大成者和发扬光大者。

学习活动三　工作总结与评价

任务目标

1. 能掌握进出型直压式压合机元器件选型及电气线路的安装。
2. 能掌握进出型直压式压合机的PLC控制。
3. 养成爱护器材、工具和仪表的习惯,做到工具有序放置及实训场地随时清整。

任务时间

2课时。

任务汇报

一、训练汇报

以小组为单位,选择成员进行进出型直压式压合机元器件选型及电气线路的安装、进出型直压式压合机电路的PLC控制的操作过程演示,并简要说明操作过程中的经验和体会。汇报的内容应包括:1. 学到了什么? 2. 是否存在问题? 若有问题,是什么问题? 是什么原因导致的? 下次该如何避免?

表1　训练汇报内容

汇报人	汇报内容	值得学习的地方	还需改进的地方

续表

汇报人	汇报内容	值得学习的地方	还需改进的地方

二、任务综合评价

表2 学习任务十 工厂进出型直压式压合机案例综合评价表

被评价人			评价时间			
评价项目	评价内容	评价标准	评价方式			
			自我评价	小组评价	教师评价	
劳动素养	安全意识责任意识	A 作风严谨、自觉遵章守纪、出色地完成工作任务 B 能够遵守规章制度、较好地完成工作任务 C 遵守规章制度、没完成工作任务，或虽完成工作任务但未严格遵守规章制度 D 不遵守规章制度、没完成工作任务				
职业素养	学习态度	A 积极参与教学活动，全勤 B 缺勤达本任务总学时的10% C 缺勤达本任务总学时的20% D 缺勤达本任务总学时的30%				
	团队合作意识	A 与同学协作融洽、团队合作意识强 B 与同学能沟通、协同工作能力较强 C 与同学能沟通、协同工作能力一般 D 与同学沟通困难、协同工作能力较差				
专业能力	学习活动1 进出型直压式压合机元器件选型及电气线路安装	A 按时、完整地完成工作页，问题回答正确，数据记录准确完整 B 按时、完整地完成工作页，问题回答基本正确，数据记录基本准确 C 未能按时完成工作页，或内容遗漏、错误较多 D 未完成工作页				
	学习活动2 进出型直压式压合机的PLC控制	A 学习活动评价成绩为90～100分 B 学习活动评价成绩为75～89分 C 学习活动评价成绩为60～74分 D 学习活动评价成绩为0～59分				
	学习活动3 工作总结与评价	A 学习活动评价成绩为90～100分 B 学习活动评价成绩为75～89分 C 学习活动评价成绩为60～74分 D 学习活动评价成绩为0～59分				
评价人签字						
创新能力		学习过程中提出具有创新性、可行性的建议	加分奖励：			
指导教师			日期			